Notas de Química General

Bioq. Patricia M. Carranza

Lic. Silvina M. Faillaci

Editorial Científica Universitaria

ISBN : 978-987-572-883-7

Indice

1

Estructura Atómica

1.0. Introducción

La estructura corpuscular de la materia, admitida actualmente, fue postulada como especulación intelectual por los antiguos filósofos griegos (Leucipo, Demócrito).

Fue Epicuro de Somos (siglo III a.C.) quien dió el nombre ***átomos*** *a las partículas, indivisibles e indestructibles, que constituyen la materia.*

Esta idea fue retomada en 1677 por R.Boyle, pero correspondió a J.Dalton (1803) desarrollarla para establecer de manera científica la noción de discontinuidad de la materia.

Sólo al final del siglo XIX se comenzó a reconocer que los átomos debían tener una estructura determinada, sin duda muy compleja.

Para llegar al modelo atómico en la actualidad fue necesario integrar los resultados provenientes de cuatro líneas de trabajo experimental.

1.1. Electrólisis

Poco después que J. Dalton enunciara su teoría atómica, los trabajos de M. Faraday (1833) pusiera en evidencia las modificaciones químicas que se producen en el seno de ciertos líquidos (sustancias fundidas o en solución) mediante la acción de la corriente eléctrica.

El conjunto de estas modificaciones se conoce con el nombre de **electrólisis**.

El hecho de que la corriente eléctrica provoque un cambio químico indica la existencia de cierta relación entre la electricidad y la materia.

Por lo tanto, en la materia **debe haber carga eléctrica.**

> *"Las experiencias de Faraday sobre la conducción eléctrica por sustancias fundidas o en solución, constituyen prácticamente el primer indicio importante de existencia de algún tipo de carga eléctrica en los átomos"*

1.2. Conduccion por Gases

Su estudio fue iniciado por W.Hittori (1869), E. Goldstein (1876) y complementado por J. Perrin (1895) mediante la utilización de los tubos de descarga.

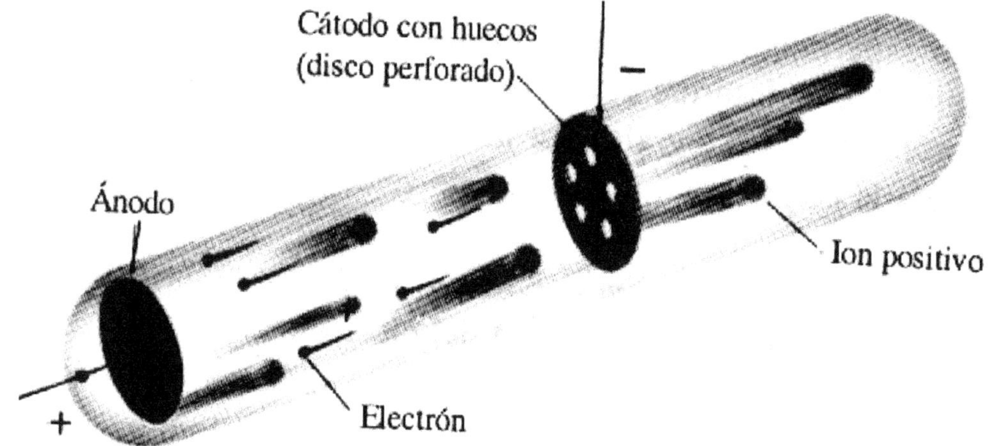

Figura 1.1. Tubo de rayos catódicos con cátodo perforado

Un tubo de descarga está constituido por un tubo de vidrio, en el cual se han soldado dos placas metálicas que se conectan a una fuente de tensión. El tubo contiene un gas, cuya presión se puede regular a través de una tubuladura conectada a una fuente de alto vacío.

Si se aplica tensión entre las placas (aproximadamente de 10 kV) y se reduce la presión convenientemente se observa que dentro del tubo se producen destellos que fueron denominados **rayos catódicos**, cuyas características son las siguientes:

1. Se propagan en línea recta desde la placa negativa.
2. Producen fluorescencia cuando chocan contra las paredes del tubo de vidrio.
3. Producen sombra cuando se intercala un objeto metálico en su trayectoria.
4. Producen movimiento mecánico en una rueda intercalada en su trayectoria.
5. Calientan hasta la incandescencia a las láminas metálicas delgadas.
6. Sufren una desviación hacia el polo positivo en presencia de un campo eléctrico.
7. Sufren desviación en presencia de un campo magnético.

Esto hechos fueron estudiados por W. Crookes (1879), quien elaboró las siguientes conclusiones:

1. Los destellos son debidos a radiaciones, pues producen sombra.
2. Están formados por partículas materiales de gran energía, pues producen movimiento y calor.
3. Tienen carga eléctrica negativa, pues son atraídos hacia el polo positivo dentro de un campo eléctrico.

4. Todos estas propiedades son **independientes** del gas contenido dentro del tubo, por lo tanto las partículas deben entrar en la constitución de todos los elementos.

En 1891, G. J. Stoney propuso para estas partículas materiales el nombre de **electrones**.

J. J. Thompson (1897) y R. A. Millikan (1909) determinaron respectivamente la **relación carga / masa** y la **carga del electrón.**

En un tubo de descarga en cuya placa se practicaron orificios, E. Goldstein (1886) observó la aparición de un haz luminoso por la parte posterior de dicho electrodo.

Esta radiación se conoce con el nombre de **rayos canales**, cuyas características principales son:

RAYOS CANALES

1. Se propagan en línea recta, desde la placa positiva, en dirección opuesta a los rayos catódicos.
2. Producen fluorescencia al incidir sobre ciertas sustancias.
3. Sufren desviación hacia el polo negativo, aunque menos pronunciada y más difusa en el caso de los rayos catódicos, en presencia de un campo eléctrico.
4. Sufren desviaciones en presencia de un campo magnético.

Estas propiedades, tan similares a las de los haces de partículas de carga negativa, permiten llegar a las siguientes conclusiones:

PROTONES

- Están formados por partículas materiales de **carga positiva.**
- Estas partículas tienen **mayor masa que los electrones.**

- La **masa** de las partículas es **variable**, en función del gas que está adentro del tubo.

1.2.1. Modelo atómico de Thomson

Postuló la existencia de un modelo de átomo en forma de esfera, con carga positiva homogénea, con un a cantidad de electrones tal en su interior como para determinar la neutralidad del átomo.

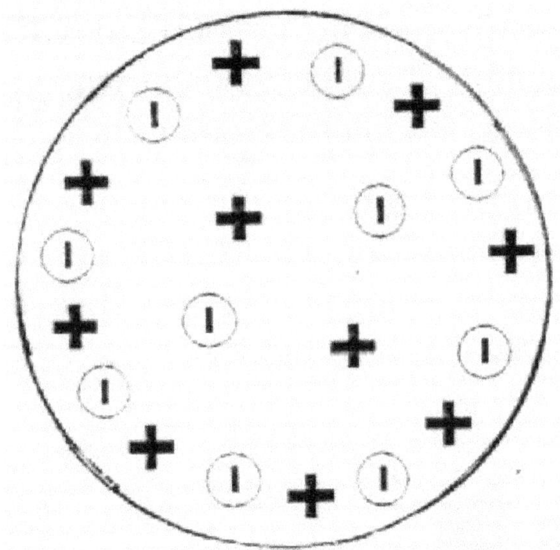

Figura 1.2. Modelo atómico de Thompson.

1.3. Radioactividad

H. Berquerel (1896) al estudiar el efecto de las radiaciones solares sobre el sulfato de sodio y sobre un mineral de uranio permitió establecer que:

Ciertos elementos existentes en la naturaleza y otros obtenidos a partir de ellos emiten radiaciones espontáneamente. Esto se conoce como ***radioactividad natural***

Mediante los trabajos de E. Rutherford (1899) y de P. Villard (1900), a través de las mismas técnicas empleadas para rayos catódicos, determinaron que existen por lo menos tres tipos de radiaciones principales:

- **Radiación alfa,** consta de partículas positivas, con una masa de $6{,}6.10^{-28}$ g y una carga de $3{,}2.10^{-19}$ C.
- **Radiación beta,** consta de partículas negativas, de masa igual a $9{,}1.10^{-28}$ g y carga de $1{,}6.10^{-19}$ C (idénticas a las del electrón).
- **Radiación gamma,** consta de partículas de masa prácticamente no apreciable y sin carga eléctrica, se la considera una forma de luz de gran contenido energético.

La experiencia consistió en hacer incidir un haz de *partículas alfa sobre una lámina de oro muy delgada* (6.10^{-4} mm de espesor) y detectando sobre una pantalla fluorescente móvil la trayectoria de las partículas, luego de chocar con la lámina.

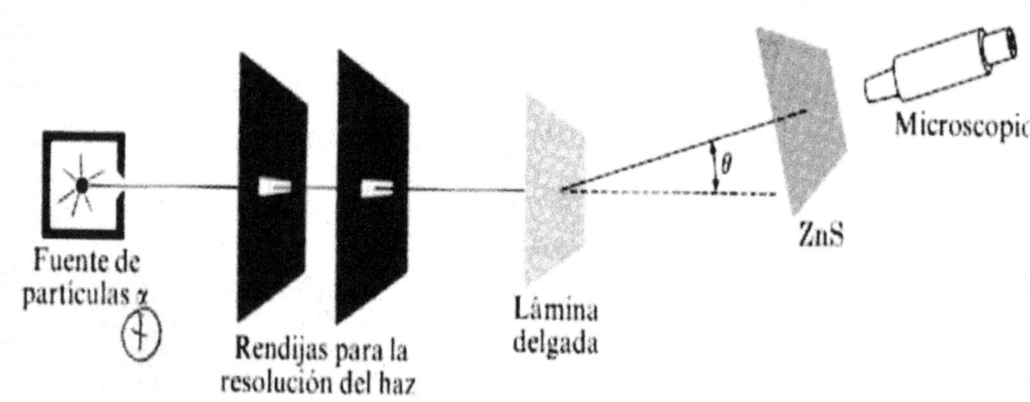

Figura 1.3. Esquema del experimento de Rutherford de la dispersión de la partícula alfa.

Esto indujo a Rutherford a formular las siguientes proposiciones:

- La mayoría de las partículas alfa no hallan obstáculo alguno en su trayectoria, lo que indica la "porosidad" de los átomos de la lámina.

- La desviación de las partículas alfa se debe a que fuerzas de repulsión actúan entre ellas y a cierta masa constituyente de los átomos de oro.
- Las partículas alfa que rebotan lo hacen precisamente contra esas masa concentradas en volúmenes pequeños y con carga eléctrica positiva.

1.3.1. Modelo atómico de Rutherford: "El átomo nuclear".

En 1911 el físico neocelandés E Rutherford elaboró un modelo atómico que contempla la existencia de un núcleo:

El átomo contiene un centro de masa diminuto con carga positiva a la que denominó NÚCLEO ATÓMICO.

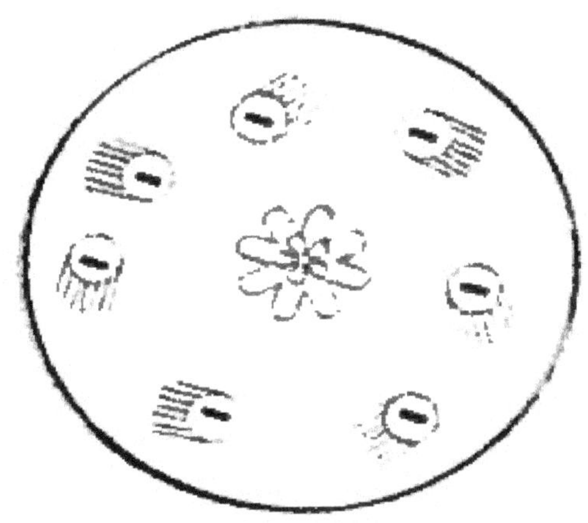

Figura 1.4

Este núcleo está rodeado de electrones que, sin chocar con él, giran a su alrededor a distancias variables, pero sin exceder un cierto radio.

Los electrones existen en número como para neutralizar la carga nuclear, positiva.

Durante mucho tiempo se creyó que el átomo sólo estaba constituido por protones y electrones.

Rutherford, en 1920, sugirió la posibilidad de una partícula sin carga eléctrica, de masa parecida al protón,pero fue J. Chadwick (1932) quien demostró experimentalmente la existencia del ***neutrón.***

En función de lo expuesto anteriormente, podemos establecer algunas definiciones:

Número atómico (Z):

Es el número de protones que hay en el núcleo. Un elemento químico es una sustancia pura simple cuyos átomos tienen todos el mismo número atómico.

Número de masa (A):

Es igual a la suma de protones y neutrones existentes en el núcleo del átomo.

Isótopos:

Son los núclidos del mismo elemento que, teniendo las mismas propiedades químicas. Difieren entre sí solamente en lo relacionado con algunas propiedades físicas.

1.4. Radiacion Electromagnética.

Todos los tipos de radiación electromagnética o energía radiante pueden describirse mediante la terminología ondulatoria.

Para especificar cualquier onda se indica su *longitud de onda* λ *(o frecuencia* ν *)* que es la distancia entre dos puntos idénticos adyacentes en la onda (por ejemplo: entre dos crestas):

$$\lambda = c / \nu$$

En el vacío, la c (velocidad) de radiación electromagnética es igual para todas las ondas:

$$\lambda . \nu = 3{,}00.10^8 \text{ m/s}$$

La propagación del campo electromagnético en función del tiempo es lo que se conoce como ***ondas electromagnéticas.***

Las ondas electromagnéticas son transversales a la dirección de propagación.

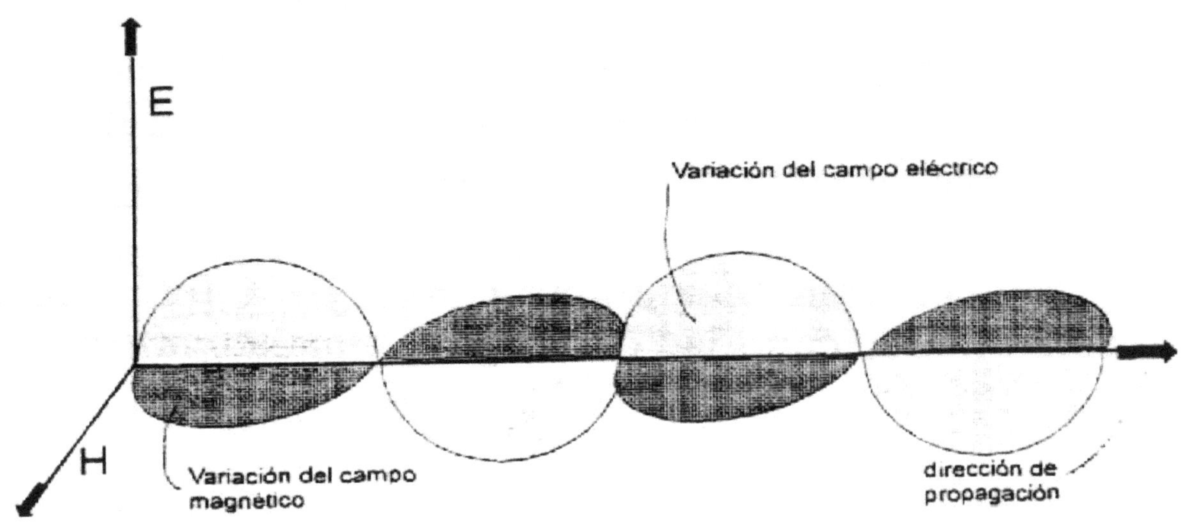

Figura 1.5.

1.4.1. La luz

Las propiedades de la luz son generalmente explicadas por dos modelos distintos:

1. Aquel que considera a la luz como formada por una corriente de partículas denominadas **fotones** que se desplazan desde una fuente a una gran velocidad y poseen energía.

   Este modelo permite, por ejemplo, explicar la emisión de electrones por parte de una lámina de metal cuando sobre ella incide un haz de luz (efecto fotoeléctrico).

2. En el otro modelo se considera a la luz como una perturbación ondulatoria electromagnética, que se propaga a partir de una fuente.

   Este modelo permite explicar la descomposición de la luz blanca en su espectro clásico de colores cuando atraviesa una ranura de abertura muy pequeña (difracción); se pueden así conocer las frecuencias y las longitudes de onda que corresponden a los diversos colores.

A principios del siglo 20, Max Plank y Albert Einstein trabajaron sobre estos modelos permitiendo relacionarlos y pasar cuantitativamente de uno a otro.

Según Max Palnk (1900), cada fotón de luz tiene una determinada cantidad de energía llamada ***cuanto***.

$$E = h.\ \nu$$

ó

$$E = h.\ c / \lambda$$

donde

h = constante de Plank $6.63.10^{34}$ J.s

ν = frecuencia de la luz.

Suponiendo que se tiene un electrón en un nivel de energía $\mathbf{E_1}$ y se le proporciona por calentamiento la energía para pasar a un nivel $\mathbf{E_2}$.

Cuando el electrón vuelve a su nivel energético original, lo hace emitiendo energía bajo la forma de ondas electromagnéticas de determinada frecuencia según la ecuación de Plank.

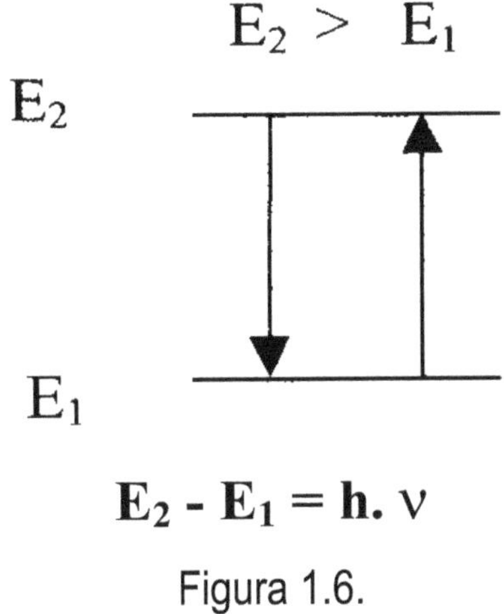

Figura 1.6.

Por lo tanto, la radiación emitida al volver el electrón a su nivel original produce ondas electromagnéticas de frecuencia ν que darán una línea en el espectro.

> El hecho concreto que para que en un elemento se encuentren varias líneas espectrales de distintos valores de frecuencia o longitud de onda, indica que los electrones pueden estar distribuidos en determinados niveles alrededor del núcleo.

1.4.2. Modelo atómico de Bohr - Sommerfeld

Este modelo se basa en la mecánica cuántica, la cual consiste en el estudio de la leyes del movimiento de las partículas, que se comportan de manera diferente a los objetos macroscópicos y no es posible aplicar las leyes de la mecánica.

Cuando un electrón pasa de un nivel de energía inferior a otro más alto, absorbe una cantidad de energía definida (o *energía cuantificada).*

Cuando el electrón regresa a su nivel de energía normal emite exactamente la misma energía que absorbió para desplazarse del nivel inferior al superior.

Bohr describió el átomo como una órbita circular alrededor del núcleo.

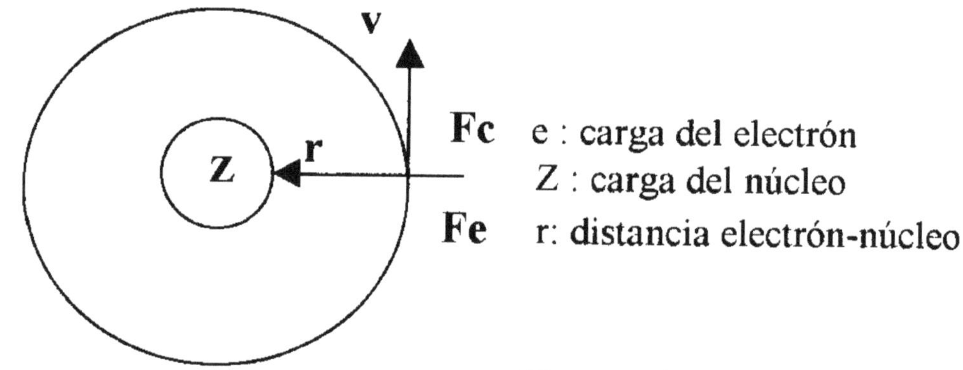

Figura 1.7.

$Fc = m\ v^2/\ r$ (fuerza centrífuga)

$Fe = -\ Z\ e^2/\ r^2$ (fuerza de atracción electrostática hacia el núcleo)

La condición que debe cumplirse es, por lo tanto,

$$mv^2/r = Ze^2/r^2$$

ó

$$mv^2 = Ze^2/r$$

La energía total (E) del electrón es la suma de la energía cinética (E_c) y de atracción electrostática (E_p).

$Ec = 1/2\ mv^2$

$E_p = -Z\ e^2\ /\ r$

$$E = -1/2\ Z\ e^2\ /r$$

Bohr estableció que únicamente son posibles aquellas órbitas en las cuales se cumple que:

$$m\,v\,r = n\,h / 2\,\pi$$

$$n = n^\circ \text{ natural} = 0$$

$$r = n^2\,h^2 / 4\,\pi^2\,m\,Z\,e^2 \qquad [1]$$

Para el empleo de unidades del Sistema Internacional, se debe introducir el factor 9.10^9 N m^2C^{-2}, de donde,

$$r = n^2\,h^2 / 3{,}6\;10^{10}\,\pi^2\,m\,Z\,e^2 \qquad [2]$$

y aplicando la ecuación EA1, nos queda:

$$E = -\,2\,\pi^2\,m\,Z\,e^4 / n^2\,h^2 \qquad [3]$$

Para el empleo de las unidades del Sistema Internacional, se debe introducir el factor 9.10^9 N m^2C^{-2}, por lo tanto:

$$E = -\,1.62\;10^{20}\,\pi^2 m Z e^4 / n^2 h^2 \qquad [4]$$

Dado que **n** permite definir el nivel de energía, recibe el nombre de ***número cuántico principal.***

A la órbita con **n = 1**, corresponde el menor nivel de energía, por lo que el electrón del átomo de hidrógeno ocupa esta posición en su estado más estable. Dicho estado de un átomo o molécula se llama **estado fundamental.**

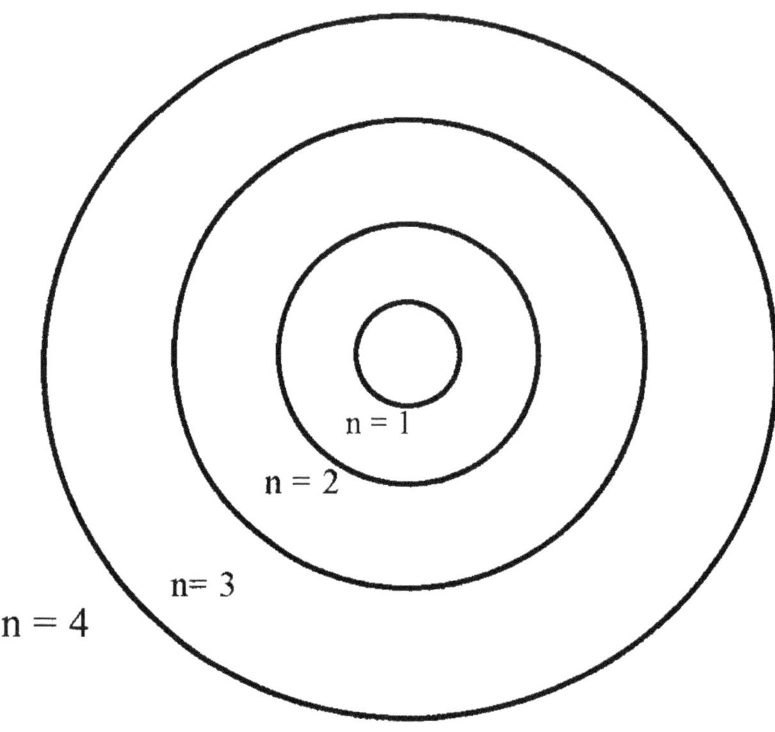

Figura 1.8.

1.4.3. Sommerfeld.

Sommerfeld sugirió que, además de describir órbitas circulares, el electrón podía describir órbitas elípticas. Esto implicó complementar el número cuántico principal **n** con otro número **k** que indica el grado en que la órbita elíptica se desvía de la circunferencia.

Los valores extremos de la misma se fijan de la siguiente manera:

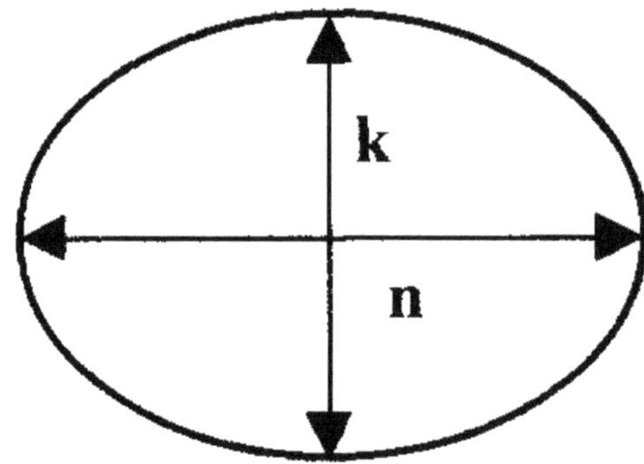

Figura 1.9.

Si **k = n** resulta una órbita circular

Si **k = 0** resulta una recta.

Por lo tanto, como k debe ser siempre un número natural distinto de cero,

$$- \mathbf{n} > \mathbf{k} \geqslant \mathbf{1}$$

- Para el **primer** nivel energético**, n = 1, k = 1,** es posible una sola órbita.
- Para el **segundo** nivel energético**, n = 2,**

k=1	órbita elíptica
k=2	órbita circular

es decir, que son posibles dos órbitas.

Esto permite demostrar que los **niveles** principales de energía están compuestos de **sub-niveles** y que el número de sub-niveles que forman el nivel principal es igual al número cuántico principal **n.**

1.4.4. De Broglie.

Entre 1923 y 1926, De Broglie (físico francés, por analogía con la teoría cuántica de las radiaciones propuso que:

> *"Las propiedades ondulatorias de la radiación electromagnéticas pueden asociarse con las partículas extremadamente pequeñas que se mueven a gran velocidad, como el **electrón**"*

En consecuencia, a cada electrón se puede asociar a una longitud de onda, que se calcula combinando:

$E = h.\ \nu$ (ecuación de Plank)

con

$E = m.\ c^2$ (ecuación de Einstein)

$h.\ \nu = m.\ c^2$

$h = m\ c\ c / \nu$ $\quad h = m\ c\ \lambda$

de lo que resulta:

$\lambda = m\ c / h$

para una partícula de velocidad v:

$\lambda = h / m.\ v$

1.5. Modelo Atómico Probabilístico

1.5.1. Heisemberg - Principio de incertidumbre.

*"Es imposible determinar con exactitud el **momentum** y la **posición** del electrón de manera similtánea (o de cualquier otra partícula de tamaño más pequeño)"*

1.5.2. Ideas fundamnetales de la Mecánica Cuántica.

1. Los átomos y moléculas solo pueden determinados estados de energía. En cada estado de energía, el átomo o la molécula tienen energía definida. Cuando el átomo o la molécula cambian de energía, deben emitir o absorber suficiente energía para llegar al "nuevo estado de energía" (condición cuántica).

2. Los átomos y moléculas emiten o absorben radiación (luz) cuando sus energías cambian. La frecuencia de la luz que emiten o absorben se encuentra relacionada con el cambio de energía mediante una ecuación sencilla:

   $\Delta E = h. \nu$

   ó

   $\Delta E = h. c / \lambda$

3. Los estados de energía permitidos para los átomos y moléculas es de tipo matemático.

   El concepto importante es que cada solución de la ecuación de onda de Schödinger describe un estado de energía posible para los electrones de un átomo.

Cada solución se describe mediante un conjunto de tres ***números cuánticos.***

También indican las formas y orientaciones de las distribuciones de probabilidad estadística de los electrones.

1.5.3. Orbitales.

Se deducen de las soluciones de la ecuación de Schödinger. Están relacionados en forma directa con los números cuánticos.

> *Un orbital es una función matemática que define a la probabilidad de encontrara a un electrón en ele espacio cercano al núcleo.*
>
> *Es la región espacial donde existe mayor probabilidad de encontrar un electrón.*

1.5.4. Números cuánticos.

Permiten describir el ordenamiento electrónico de cualquier átomo y se llaman **configuraciones electrónicas.**

1. Número cuántico principal, n.

Determina el nivel de energía del electrón y precisa la distancia media del electrón al núcleo.

Puede ser cualquier número entero positivo:

n = 1, 2, 3, 4, ...

2. Número cuántico angular, subsidiario ó azimutal, l.

Indica la forma de la región del espacio que ocupa el electrón. Son sub-niveles contenidos en **n**.

Se usa notación por letras para indicar cada valor de **l**.

l = 0, 1, 2, 3, 4, 5, ... (n-1).

En el primer nivel de energía el nivel máximo de **l** es 0, por lo que indica que existe un solo subnivel **s** y ningún subnivel **p**.

En el segundo nivel de energía los valores permisibles **l** son 0 y 1, lo que indica que solo hay subniveles **s** y **p.**

Las nubes **s** tienen simetría esférica y las **p** lobulares, una a cada lado del núcleo, se llenan parcialmente.

3. Número cuántico magnético, m.

Indica la orientación espacial del orbital atómico. En cada subnivel, **m**, puede tomar valores desde -1 a +1.

Así, si **l** = 1, indica que en el subnivel *p* hay tres valores permisibles de l = -1, 0, +1, por lo tanto hay tres regiones distintas en el espacio, llamadas orbitales atómicos, asociados con el subnivel p. Estos orbitales se llaman *px, py* y *pz*. Yacen en ángulo recto uno del otro sobre los respectivos ejes *x,y* y *z*.

4. Número cuántico de giro, s.

Se refiere al giro del electrón y a la orientación en el campo magnético que este produce. Para cada conjunto **n**, los *n, l* y *m,* ***s*** puede ser +1/2 ó -1/2.

N	*l*	*m*	*s*	*Capacidad electrónica del subnivel*	*Capacidad electrónica del nivel de energía*
1 (K)	*0 (1s)*	*0*	*+1/2 -1/2*	*2*	*2*
2(L)	*0 (2s)*	*0*	*+1/2, -1/2*	*2*	*8*
	1 (2p)	*-1, 0, +1*	*±1/2p/c valor de m*	*6*	
3(M)	*0 (3s)*	*0*	*+1/2, -1/2*	*2*	*18*
	1 (3p)	*-1, 0, +1*	*±1/2p/c valor de m*	*6*	
	2 (3d)	*-2, -1, 0, +1, +2*	*±1/2p/c valor de m*	*10*	
4 (N)	*0 (4s)*	*0*	*+1/2, -1/2*	*2*	*32*
	1 (4p)	*-1, 0, +1*	*±1/2p/c valor de m*	*6*	
	2 (4d)	*-2, -1, 0, +1, +2*	*±1/2p/c valor de m*	*10*	
	3 (4f)	*-3,-2, -1, 0, +1, +2,+3*	*±1/2p/c valor de m*	*14*	

Tabla 1.1. Valores permisibles de los números cuánticos hasta n= 4.

1.5.4. Principio de exclusión de Pauli.

> *"Indica que ningún par de electrones de cualquier átomo puede tener los cuatro números cuánticos iguales"*

El número de electrones en cada nivel de energía es igual a **2 n^2.**

1.6. Orbitales Atómicos.

1.6.1. Orbital s.

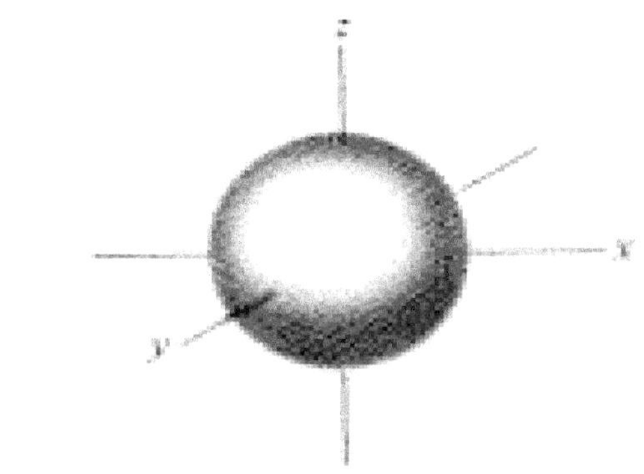

Figura 1.10. Orbital atómico s.

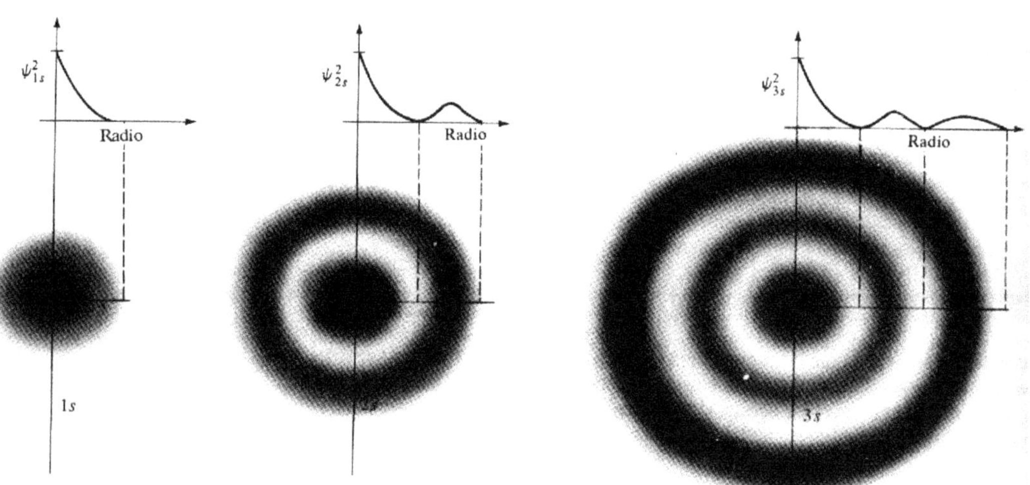

Figura 1.11. Nubes electrónicas asociadas con niveles s. Corte transversal en el plano del núcleo atómico.

1.6.2. Orbitales p.

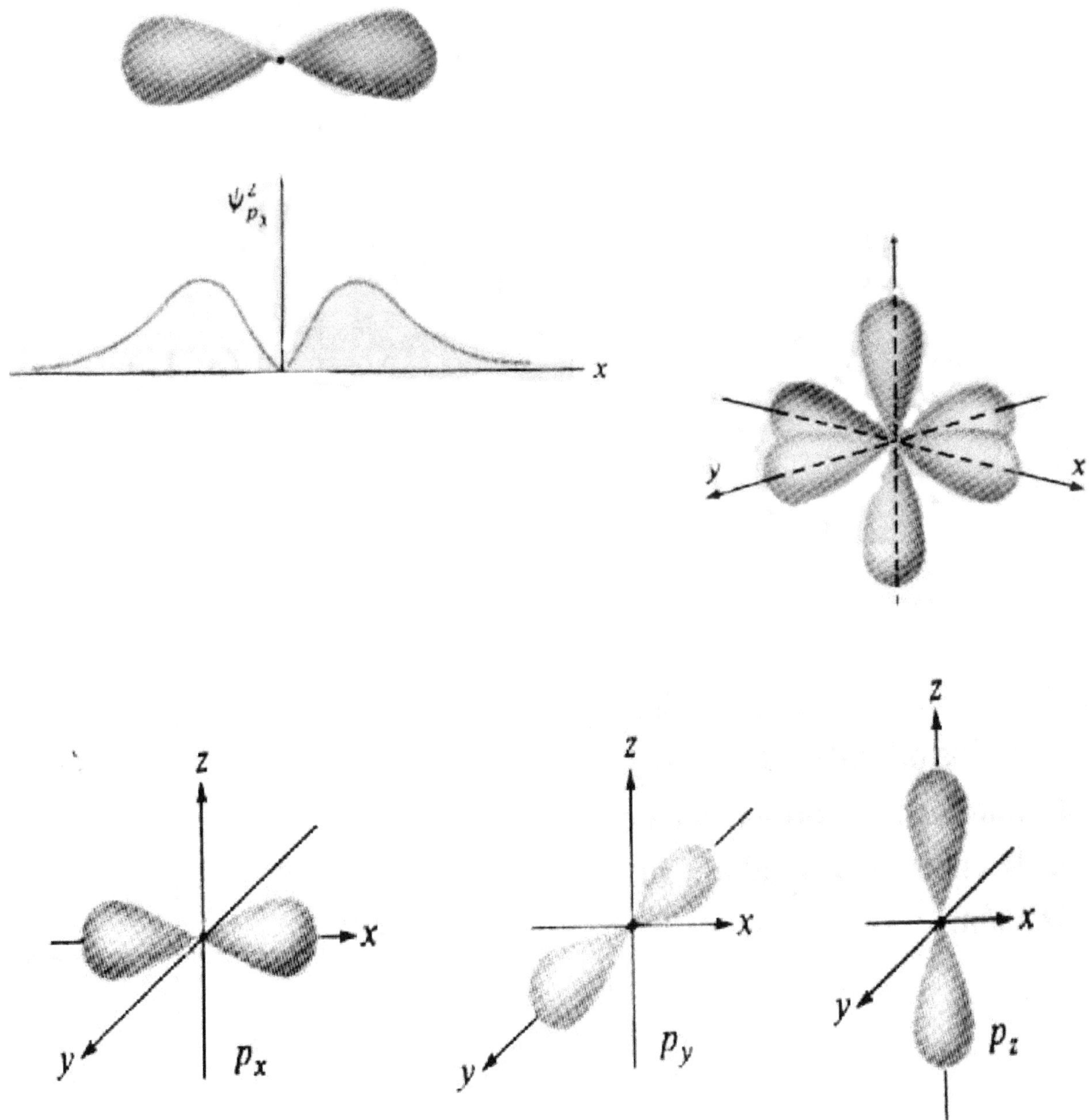

Figura 1.12. Modelos de tres orbitales p (px, py y pz) de un asolo conjunto de orbitales.

1.6.3. Orbitales d.

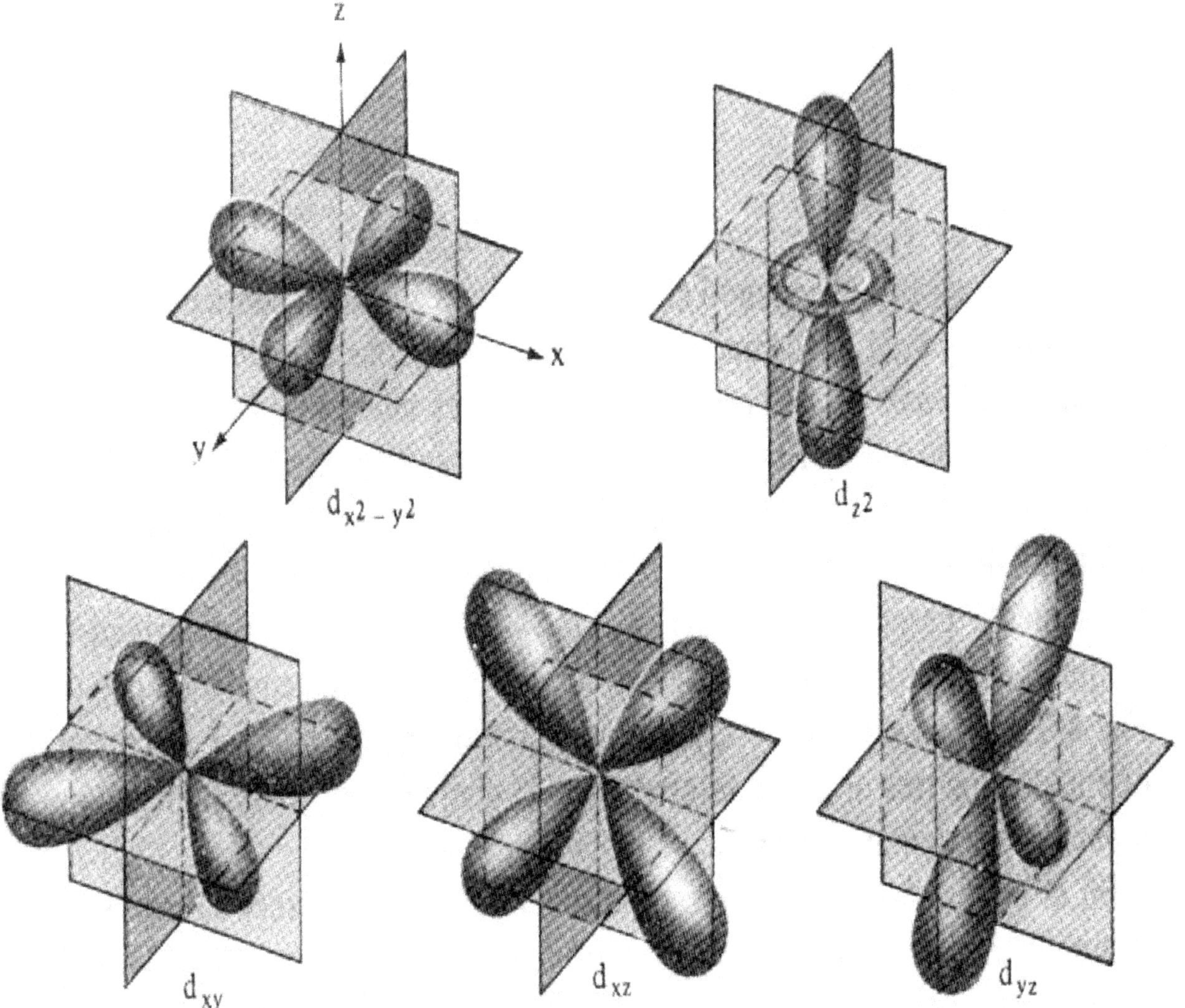

Figura 1.13. Orientación espacial de los orbitales d.

1.6.4. Orbitales f.

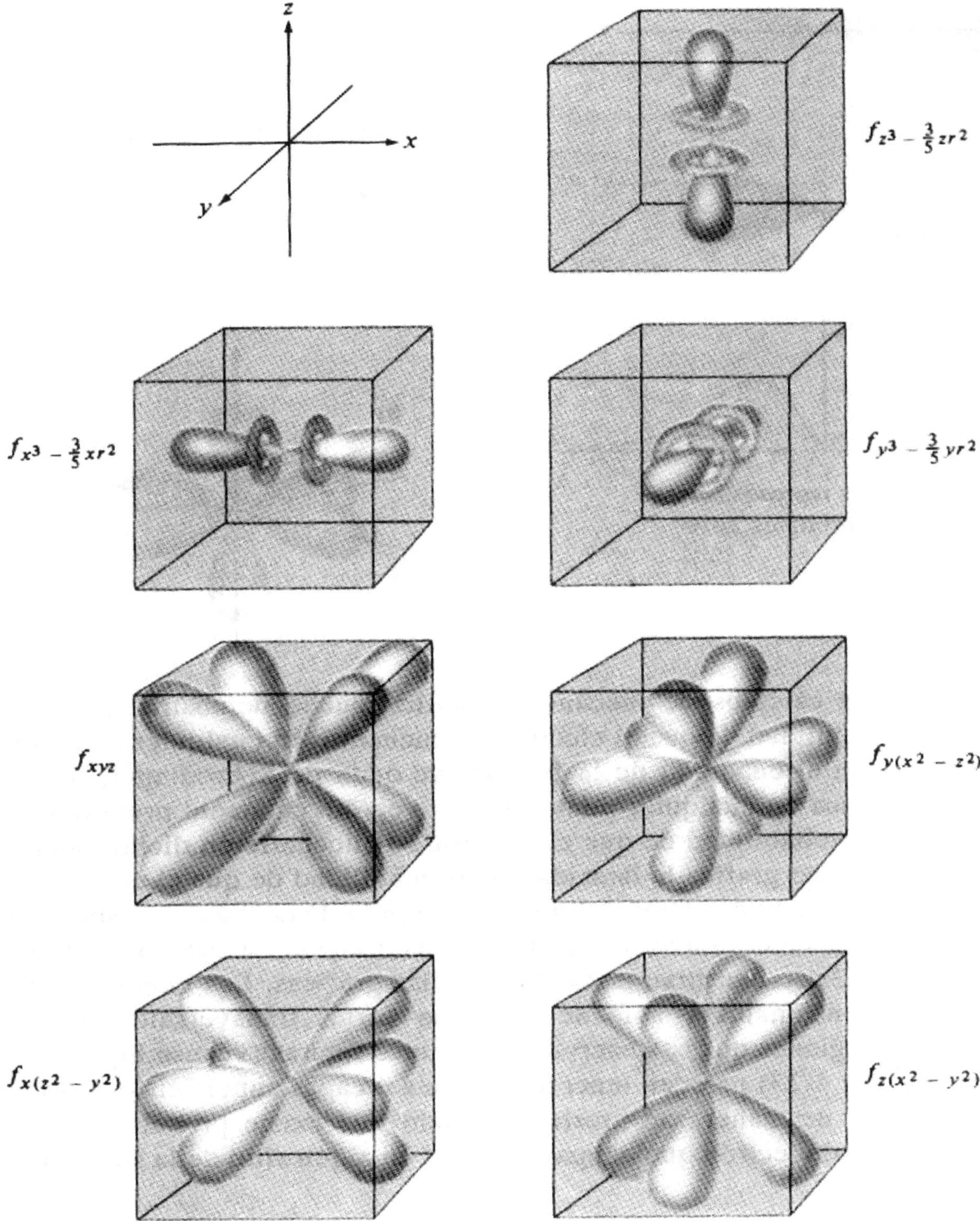

Figura 1.14. Carácter direccional relativo de los orbitales atómicos f.

Nivel de energía *n*	**N° de subniveles por nivel de E** *n*	**N° de orbitales atómicos** n^2	**N° máximo de electrones** $2\,n^2$
1	1	1 (1s)	2
2	2	4 *(2s, 2px,2py,2pz)*	8
3	3	9 *(3s, tres3 p, cinco 3d)*	18
4	4	16	32
5	5	25	50

1.7. Configuraciones Electrónicas.

El **ordenamiento electrónico** que se describe para cada átomo se conoce como **configuración electrónica del estado basal.** Esta corresponde al átomo aislado en su estado inferior de energía o estado *no excitado.*

Para construir las configuraciones electrónicas se recurre al Principio de Aufbau.

1.7.1. Principio de Aufbau.

> *"El electrón que distingue a un elemento precedente (que tiene número atómico inferior), entra al orbital atómico de menor energía disponible"*

Dentro de un nivel de energía principal, el subnivel **s** tiene menor energía, el subnivel **p** le sigue, a continuación el **d,** el **f**, y así sucesivamente.

1.7.2. Orden de Aufbau.

1. La transición de energía más grande es del orbital 1*s* a los 2*s*.
2. A energías mayores, la E de los orbitales, por lo general, están más cercanas.

3. El cambio de energía entre *np* y (*n*+1), por ej. entre 2*p* y *3s ó* entre *3p* y *4s* es considerable.
4. La diferencia de E entre (*n*-1)*d* y *ns,* es pequeña.
5. La diferencia de E entre (*n*-2)*f* y *ns*, por ej. entre 4*f y* 6s es aún menor.

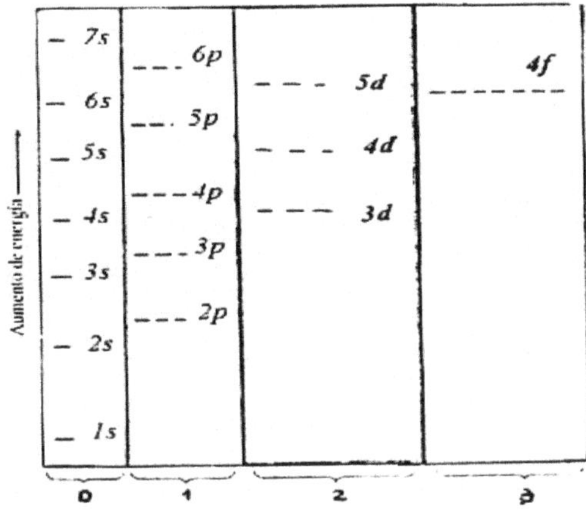

Figura 1.15.

"Los electrones deben ocupar todos los orbitales de un subnivel dado en forma individual antes que se inicie el apareamiento. Estos electrones desapareados suelen tener giros paralelos".

Diagrama para recordar la *Regla de Aufbau*

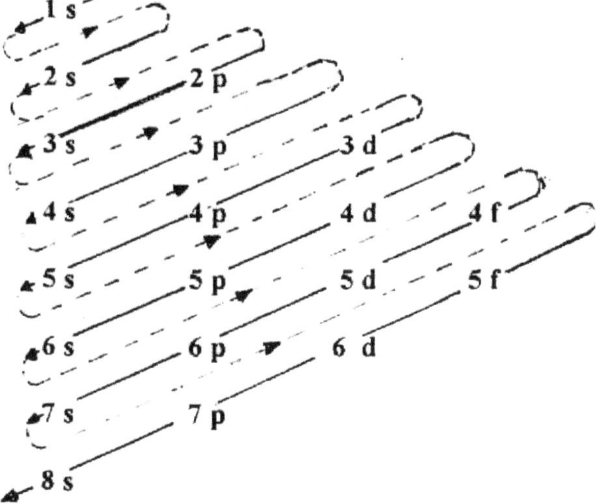

Figura 1.16.

1.7.3. Ocupación de orbitales atómicos.

Número atómico	Simbolo	Configuración electrónica
1	H	$1s^1$
2	He	$1s^2$
3	Li	$[He]2s^1$
4	Be	$[He]2s^2$
5	B	$[He]2s^22p^1$
6	C	$[He]2s^22p^2$
7	N	$[He]2s^22p^3$
8	O	$[He]2s^22p^4$
9	F	$[He]2s^22p^5$
10	Ne	$[He]2s^22p^6$
11	Na	$[Ne]3s^1$
12	Mg	$[Ne]3s^2$
13	Al	$[Ne]3s^23p^1$
14	Si	$[Ne]3s^23p^2$
15	P	$[Ne]3s^23p^3$
16	S	$[Ne]3s^23p^4$
17	Cl	$[Ne]3s^23p^5$
18	Ar	$[Ne]3s^23p^6$
19	K	$[Ar]4s^1$
20	Ca	$[Ar]4s^2$
21	Sc	$[Ar]4s^23d^1$
22	Ti	$[Ar]4s^23d^2$
23	V	$[Ar]4s^23d^3$
24	Cr	$[Ar]4s^13d^5$
25	Mn	$[Ar]4s^23d^5$
26	Fe	$[Ar]4s^23d^6$
27	Co	$[Ar]4s^23d^7$
28	Ni	$[Ar]4s^23d^8$
29	Cu	$[Ar]4s^13d^{10}$
30	Zn	$[Ar]4s^23d^{10}$
31	Ga	$[Ar]4s^23d^{10}4p^1$
32	Ge	$[Ar]4s^23d^{10}4p^2$
33	As	$[Ar]4s^23d^{10}4p^3$
34	Se	$[Ar]4s^23d^{10}4p^4$
35	Br	$[Ar]4s^23d^{10}4p^5$
36	Kr	$[Ar]4s^23d^{10}4p^6$

Figura 1.18

1.7.4. Regla de Hund.

"Los orbitales se llenan según sus energías relativas, comenzando por aquellas que las tienen más bajas".

Para tomar un ejemplo: el azufre $_{16}S$

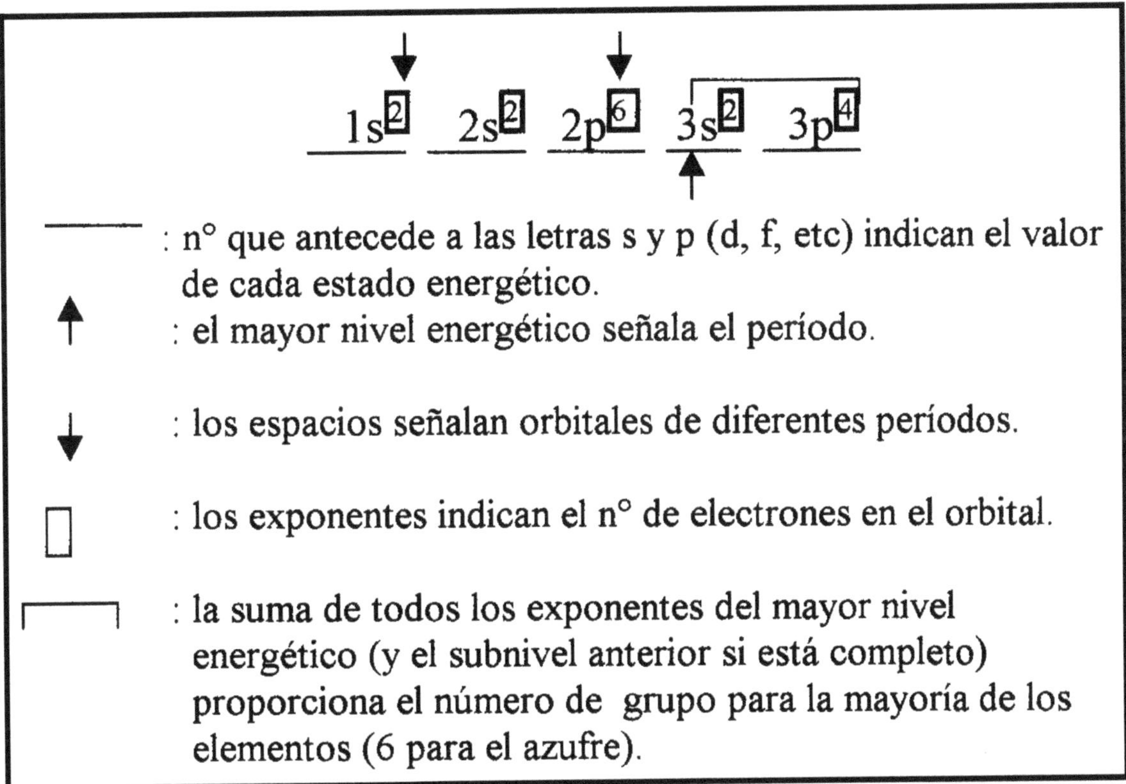

Simplificando, la configuración electrónica del ejemplo nos indica que hay períodos completamente ocupados por electrones y uno que no lo está.

Otra manera de escribir la configuración electrónica:

Se realiza de manera simplificada escribiendo el símbolo del gas monoatómico inmediatamente anterior al elemento que nos interesa, encerrado entre corchetes, seguidos de la conformación del período completo.

Para el ejemplo dado:

$_{16}S$ [Ne] ⇅ ⇅ ↑ ↑ [Ne] $3s^2 3p^4$

3s2 3p4

*"Los orbitales pertenecientes al último período ocupado del átomo se denominan **orbitales de valencia**, y los electrones, **electrones de valencia**"*

El número de electrones de valencia disponibles y el de lugares vacíos en el orbital de valencia de un átomo, determinan el número de enlaces químicos que se pueden formar.

*"Se conoce como **número de valencia** al número de enlaces químicos que forma el átomo"*

El número de valencia es **positivo**, cuando se corresponde con el número de electrones de valencia uqe intervienen en el enlace.

El número de valencia es **negativo**, cuando se corresponde con el número de espacios vacíos en los orbitales de valencia a través de los cuales se efectúa el enlace.

¿Qué número de valencia podemos esperar del azufre?

- Hay dos orbitales con un electrón no apareado y un espacio vacío cada uno, por lo tanto, hay posibilidades de formar enlace:
  - A través de los espacios vacíos, lo cual indica que un posible número de valencia es **-2**.
  - Con intervención de los dos electrones no apareados, lo que indica que otro posible número de valencia es **+2.**
- Dos orbitales con dos electrones apareados cada uno. Por lo tanto, hay posibilidad de formar enlaces:

- Con la intervención de los dos electrones no apareados y un par de electrones apareados; esto indica que hay otro número posible de valencia que es **+4**.
- Con la intervención de **todos** los electrones de valencia. El otro número posible es **+6.**

La conclusión es que, a través de la configuración electrónica se puede llegar a establecer las posibilidades que tienen el átomo de formar enlaces y con ello el número de valencia.

2

Periodicidad Química

2.0. Introducción

En el capítulo de Estructura Atómica se analizó la construcción o Principio de Aufbau para escribir la configuración electrónica de los elementos en estado fundamental.

Como observaremos, los elementos con configuraciones atómicas externas similares se comportan de manera parecida en muchos aspectos.

En 1869, el químico ruso Dimitri Medeleev y el químico alemán Lothar Meyer propusieron cada uno por su cuenta, una tabulación más amplia de los elementos basada en la recurrencia periódica. Las respectivas tabulaciones resultaron sorpresivamente similares. Ambas indicaron la ***periodicidad*** *o repetición periódica regular de propiedades al incrementar el peso atómico.*

Primeramente, se agruparon los elementos de acuerdo a sus propiedades, por ejemplo en su masa atómica, pero sí así estuviesen acomodados, el argón aparecería en la posición ocupada por el potasio.

Pero, lógicamente, nadie colocaría al argón en el mismo grupo que el Li y el Na.

En la Tabla Periódica Moderna, el número atómico se anota junto con el símbolo del elemento.

Como se sabe, el número atómico también indica el número de electrones en los átomos de un elemento.

Las configuraciones electrónicas de los elementos ayudan a explicar la repetición de las propiedades físicas y químicas.

La importancia y utilidad de la Tabla periódica radica en el hecho de que se puede utilizar para entender las propiedades generales y tendencias dentro de un grupo o un período para predecir de manera aproximada las propiedades de algún elemento en particular.

2.1. Clasificación Periódica de los Elementos.

La figura 2.1 muestra la tabla periódica junto con la configuración electrónica de los electrones más externos de los elementos en su estado fundamental. De acuerdo con el tipo de subnivel que ha sido llenado, los elementos se pueden dividir en categorías: los elementos representativos, los gases nobles, los elementos de transición (o metales de transición), los lantanoides y los actinoides. Con referencia a la figura mencionada, los ***elementos representativos*** (elementos de los grupos principales) son los elementos de los grupos **IA** a **VIIA**, todos los cuales tienen incompletos los subniveles ***s*** ó ***p*** del máximo número cuántico principal. Con excepción del helio, los ***gases nobles*** (de los elementos del grupo VIIIA) todos tienen el mismo subnivel ***p*** completo. (Las configuraciones electrónicas son $1s^2$ para el helio y ns^2np^6 para los otros gases nobles, donde n es el número cuántico principal de la capa o nivel más externo).

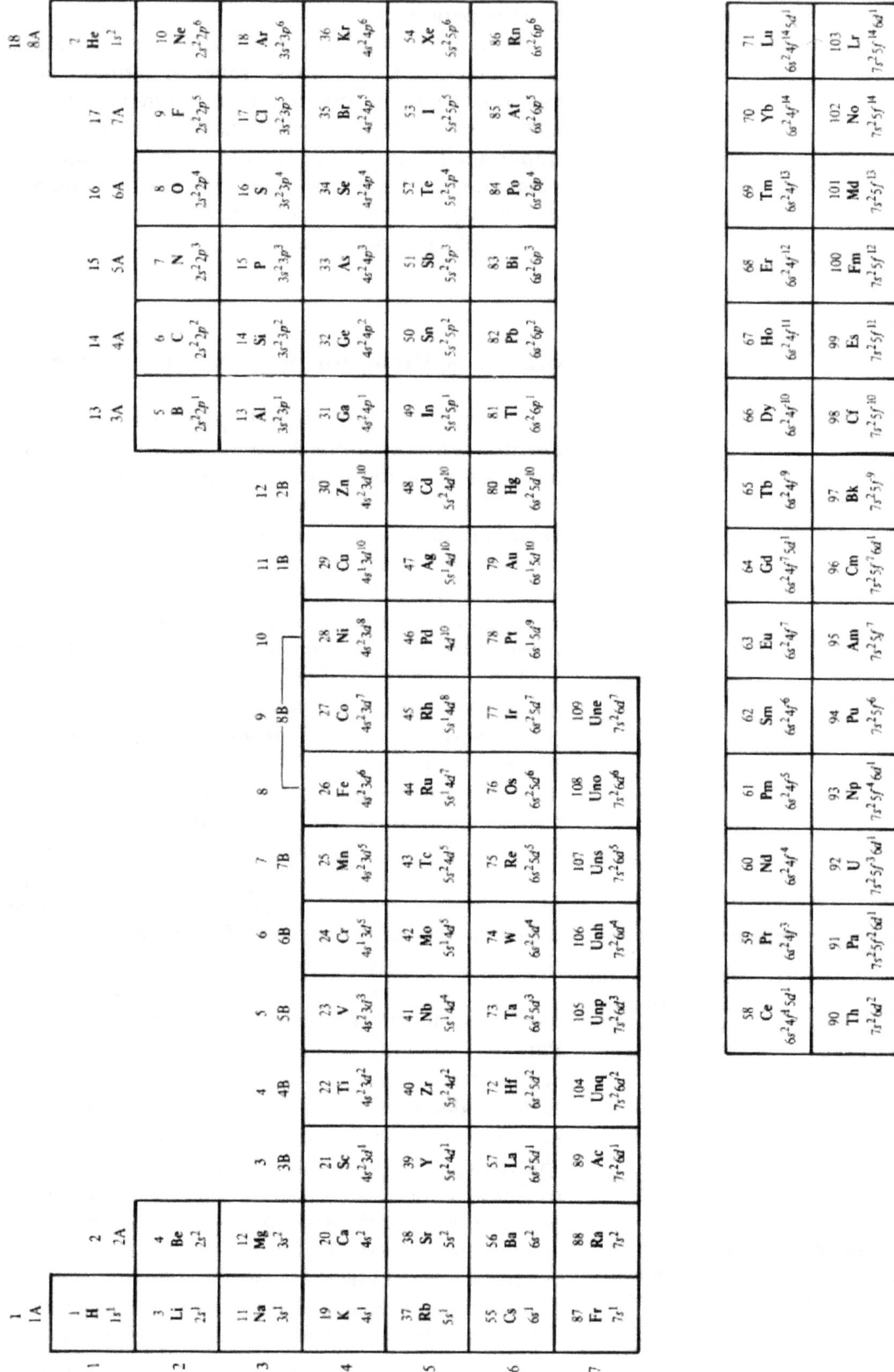

Figura 2.1. Config. electrónicas de los elementos en el estado fundamental

Los metales de transición son los elementos de los grupos IB y del IIIB al VIIIB, los cuales tienen capas *d* incompletas (algunas veces se hace referencia a estos metales como los elementos de transición del ***bloque d***). Los elementos del grupo IIB son Zn, Cd y Hg, los cuales ni son representativos ni son metales de transición.

A los lantánidos y actínidos algunas veces se les llama elementos de transición interna del ***bloque f*** porque tienen subniveles *f* incompletos.

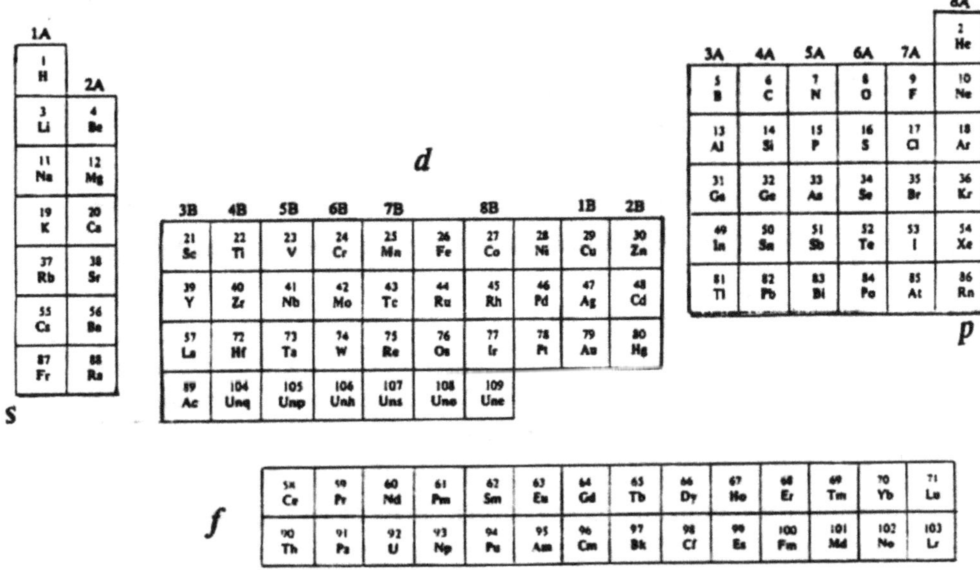

Figura 2.2. Separación de la Tabla Periódica en bloques de elementos, según el llenado de los orbitales de valencia.

2.2. Ley Periódica de los Elementos

*"Las propiedades de los elementos son funciones periódicas de sus **números atómicos**"*

De acuerdo a lo expuesto, podemos sintetizar:

- Si se ordenan los elementos a medida que aumenta su número atómico, se observa que los mismos se encuentran en forma periódica de acuerdo a propiedades físicas y químicas similares.
- Las columnas verticales se denominan **grupos** o **familias,** mientras que las líneas horizontales **períodos.**

- Los que se encuentran dentro de un período tienen propiedades que cambian en forma progresiva a través de la Tabla.
- Los grupos de elementos de la Tabla Periódica se designan como **A** y **B** de manera arbitraria.

Los elementos que se encuentran dentro del grupo del mismo **número** pero con distinta **letra** tienen relativamente pocas propiedades similares. El origen de la designación A y B es que algunos compuestos de elementos con el mismo número de grupo tienen fórmulas similares aunque propiedades muy diferentes ; por ejemplo, NaCl (IA) y AgCl (IB) ; $MgCl_2$ (IIA) y $ZnCl_2$ (IIB).

- Los elementos del grupo A se llaman **elementos representativos.** Sus niveles de energía más altos están parcialmente ocupados. Su "ultimo" electrón entra en un orbital **s** o **p**.

Elementos del **IA**: ***Metales alcalinos*** (excepto el H).

Elementos del **IIA**: ***Tierras alcalinas o Metales alcalinotérreos.***

Elementos del **VIIA**: ***Halógenos*** (formadores de sales)

- ***Elementos de Transición - d***

Los elementos del grupo B (con excepción del IIB) se denominan ***elementos de transición d*** ó ***metales de transición.***

Tienen un nivel de energía interno que aumenta de 8 a 18 electrones.

- ***Elementos de Transición Interna -f***

El segundo nivel con respecto al nivel de energía más alto ocupado aumenta desde 18 hasta 32 electrones.

2.3. Propiedades Periódicas

2.3.1. Radio Atómico

El tamaño de los átomos se halla vinculado a la naturaleza difusa de la nube de electrones que rodea a cada átomo. El tamaño de esa nube depende del medio. Por ese motivo las mediciones que se realizan se refieren al *tamaño relativo* de los átomos individuales.

Al ir de izquierda a derecha atravesando un período en la Tabla, los radios atómicos de los elementos representativos disminuyen en forma regular a medida que se agregan electrones a determinado nivel de energía. Al aumentar la carga nuclear y añadirse electrones al mismo nivel de energía principal, el aumento de carga nuclear atrae a la nube electrónica más cerca del núcleo.

Al descender por un grupo, se observa que los radios atómicos aumentan cuando se añaden más electrones a los orbitales de gran tamaño en niveles de energía altos.

Para los elementos de transición, las variaciones no son tan regulares, porque se están añadiendo electrones en una capa interna.

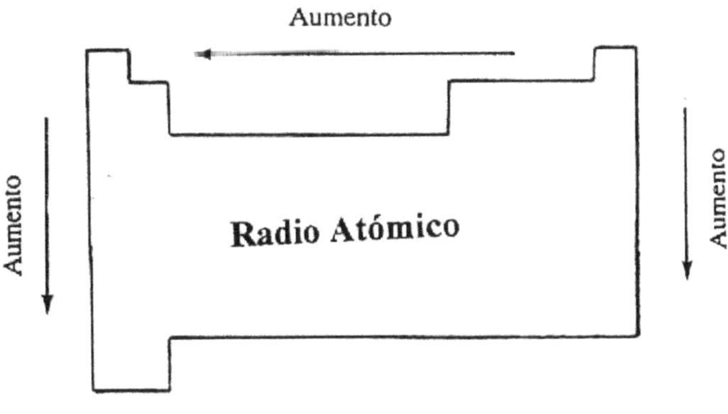

Figura 2.3.

2.3.2. Energía de Ionización

> La cantidad mínima de energía que se requiere para remover al electrón enlazado con menor fuerza en un átomo aislado para formar un ion con carga ***+1***

$$Ca_{(g)} + 590\ kJ \longrightarrow Ca^{+}_{(g)} + 1e^{-} \quad EI_1 = 590\ kJ$$

(Primera Energía de Ionización)

La segunda Energía de Ionización (EI_2) es la cantidad de energía que se requiere para desplazar al segundo electrón. En el caso del calcio se representa así:

$$Ca^{+}{}_{(g)} + 1145\ kJ \longrightarrow Ca^{+2}{}_{(g)} + 1\ e^{-}\quad EI_2 = 1145\ kJ$$

EI_2 siempre es mayor que EI_1, porque es más difícil desplazar un electrón de unión con carga positiva que del átomo neutro correspondiente.

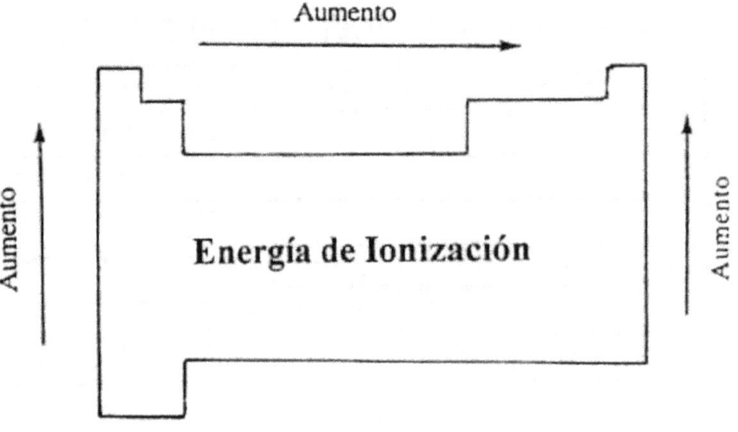

Figura 2.4.

2.3.3. Las energías de Ionización de los primeros 20 elementos (en kJ/mol)

Z	Elemento	Primera	Segunda	Tercera	Cuarta	Quinta	Sexta
1	H	1312					
2	He	2373	5248				
3	Li	520	7300	11808			
4	Be	899	1757	14850	20992		
5	B	801	2430	3660	25000	32800	
6	C	1086	2350	4620	6220	38000	47232
7	N	1400	2860	4580	7500	9400	53000

8	O	1314	3390	5300	1470	11000	13000
9	F	1680	3370	6050	8400	11000	15200
10	Ne	2080	3950	6120	9370	12200	15000
11	Na	495,9	4560	6900	9540	13400	16600
12	Mg	738,1	1450	7730	10500	13600	18000
13	Al	577,9	1820	2750	11600	14800	18400
14	Si	786,3	1580	3230	4360	16000	20000
15	P	1012	1904	2910	4960	6240	21000
16	S	999,5	2250	3360	4660	6990	8500
17	Cl	1251	2297	3820	5160	6540	9300
18	Ar	1521	2666	3900	5770	7240	8800
19	K	418,7	3052	4410	5900	8000	9600
20	Ca	589,5	1145	4900	6500	8100	11000

Figura 2.5. Energías de Ionización

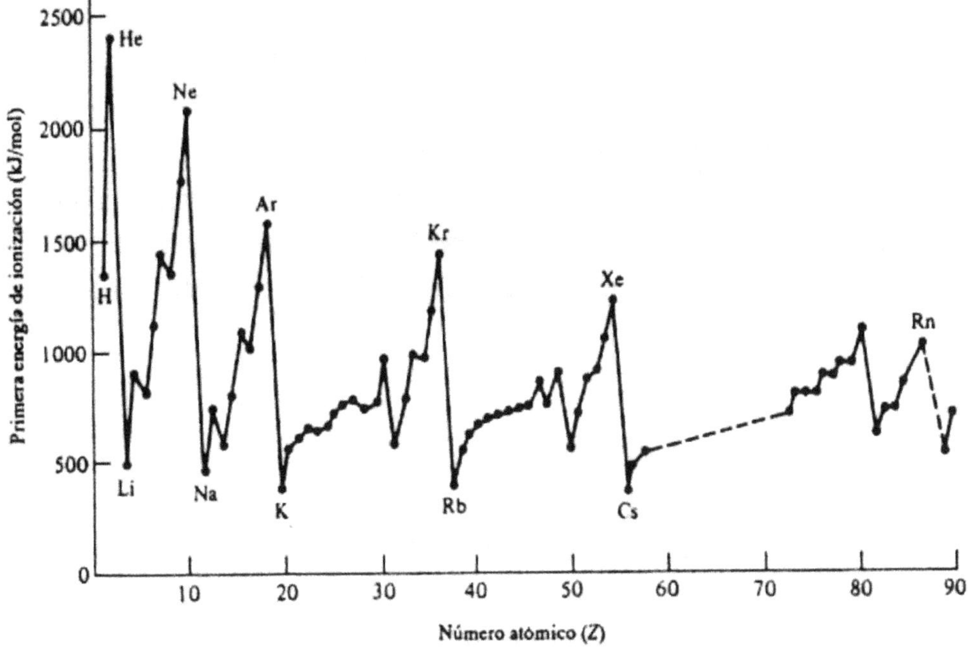

Figura 2.6. Primera EI (kJ/mol de átomos) de algunos elementos.

Las energías de ionización bajas indican que los electrones se eliminan con facilidad y por lo tanto forman fácilmente un ion positivo (catión).

Los gases nobles tienen las primeras EI_1 más altas.

Al descender por el grupo, las primeras energías de ionización se hacen más bajas. La fuerza de atracción del núcleo con carga positiva hacia los electrones disminuye ya que los electrones de valencia se encuentran más lejos del núcleo.

Las primeras energías de ionización del grupo IIIA, son excepciones a las tendencias generales horizontales.

Se requiere menos energía para eliminar el primer electrón ***p*** que el segundo electrón ***s*** del mismo nivel de energía principal, porque el orbital ***ns*** es de energía inferior (más estable) que el orbital ***np***.

Por la misma razón también resultan una excepción a la tendencia los elementos del grupo VIA, por encontrarse, al agregar un electrón, con orbitales semillenos (con estabilidad relativa) np^3.

2.3.4. Afinidad Electrónica (AE)

Es la cantidad de energía que se absorbe cuando se añade un electrón a un átomo gaseoso aislado para formar un ion con carga ***-1***.

Por convención, un valor positivo de energía significa que esta es absorbida por el sistema y la reacción es denominada *endotérmica;* sí la energía toma un valor negativo significa que esta es liberada por el sistema, la reacción es *exotérmica*. Por ejemplo:

$$Be_{(g)} + 1e^- + 241\ kJ \text{ —— } Be^-_{(g)} \quad AE= 241\ kJ/mol$$

$$Cl_{(g)} + 1e^- \text{ —— } Cl^-_{(g)} + 348\ kJ \quad AE=-348\ kJ/mol$$

Afinidad electrónica significa ***adición*** de un electrón a un átomo gaseoso, lo que no significa que este proceso sea inverso a la ionización ya que ésta se inicia en un ion positivo.

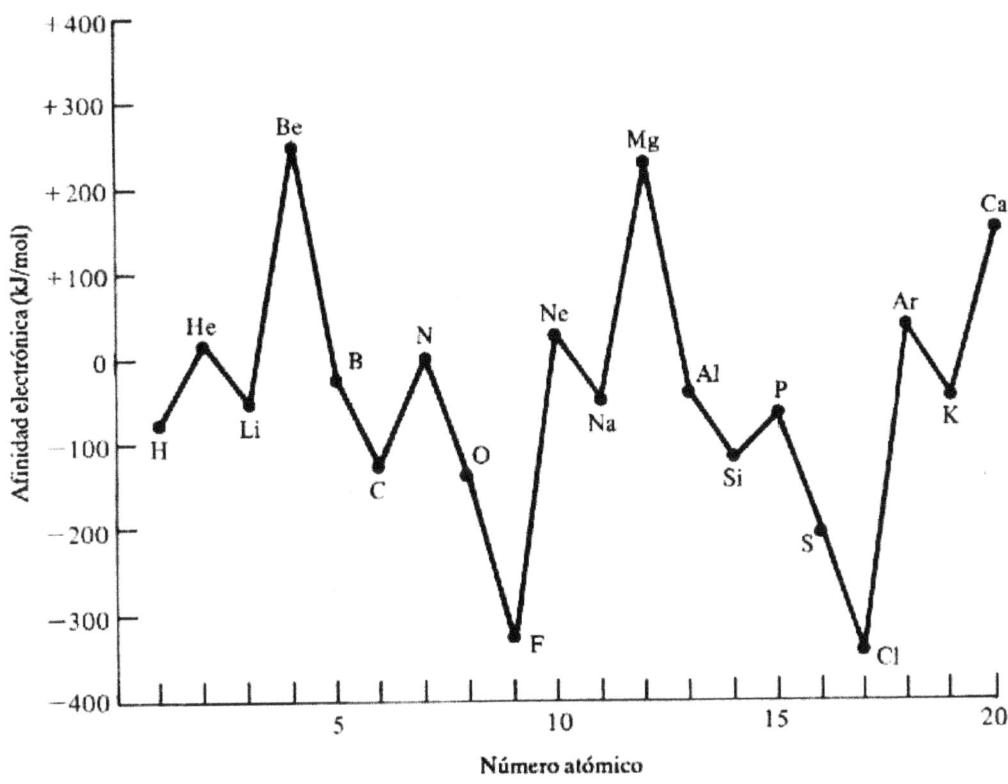

Figura 2.7. Niveles de afinidad electrónica hasta el calcio.

Los elementos con afinidades electrónicas muy negativas ganan electrones con facilidad para formar iones negativos (aniones).

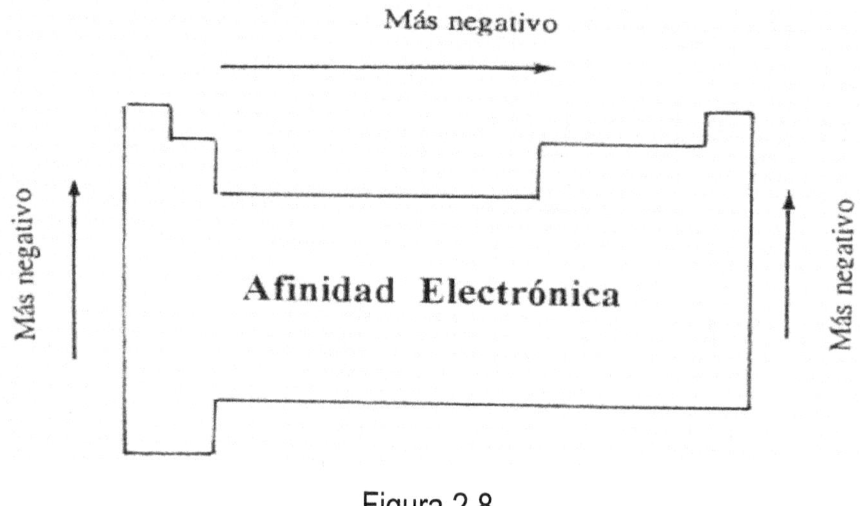

Figura 2.8.

Las AE no son estrictamente regulares a lo largo de un período.

Son excepciones los de los grupos IIA y VA. Estos tienen valores menos negativos porque implica la adición de un electrón a un átomo que tiene orbital ***s*** lleno y ***p*** vacíos en el caso del grupo II ; y orbitales ***p*** semillenos en el caso del grupo $ns^2np^3 \longrightarrow ns^2np^4$, en el caso del grupo VA.

La adición de un segundo electrón es siempre endotérmico para formar un ion con carga ***-2*** por lo tanto la AE de los aniones es siempre positiva.

2.3.5. Radios Iónicos.

Un **ion** es un átomo cargado eléctricamente.

Los **iones positivos (cationes)** siempre son más pequeños que los átomos neutros de los cuales provienen.

Los **iones negativos (aniones)** siempre son más grandes que los átomos neutros de los cuales se originan.

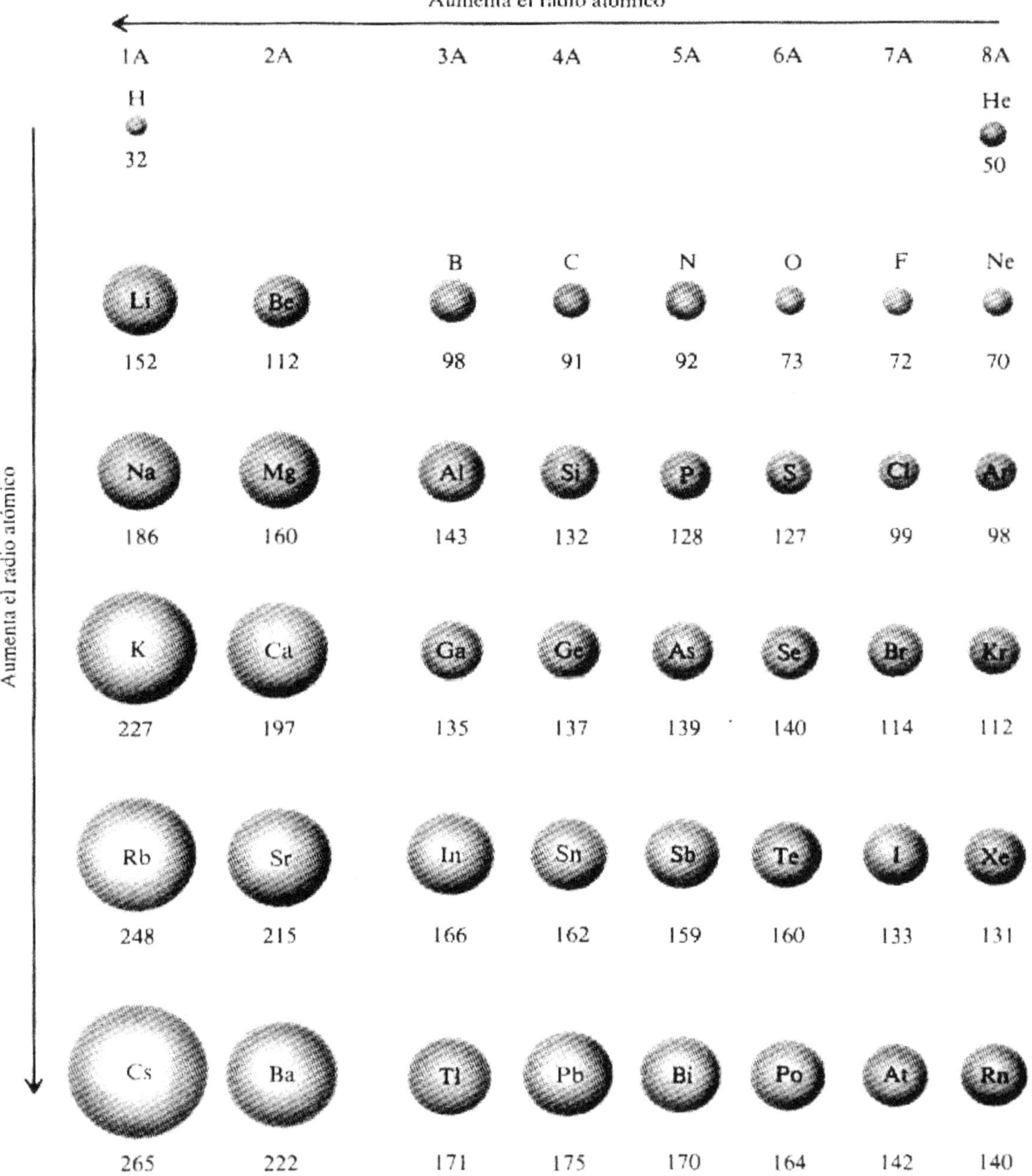

Figura 2.9.

Volviendo al tema de los radios iónicos, debe analizarse a qué grupo pertenece cada elemento.

Evidentemente, los elementos del lado izquierdo reaccionan con otros elementos perdiendo *electrones*.

Por ejemplo, los metales (***ns^1***), pierden un electrón y toman la configuración de gases nobles. Al perder un electrón, quedan con mayores cargas positivas que negativas, éstas atraen a los electrones con mayor fuerza y la nube electrónica se contrae, por lo tanto el ***Li^+*** tiene un radio menor que el ***Li*** (atómico).

"Las especies isoelectrónicas son aquellas que poseen el mismo número de electrones".

En el caso de los iones que forman los elementos del grupo IIA son más pequeños que los iones isoelectrónicos que forman los elementos del grupo IA del mismo período.

Ejemplo:

	Na^+	Be^{++}
Electrones	2	2
Protones	3	4

Tabla 2.1.

En la tabla 2.1. se puede observar que el Be tiene mayor carga nuclear y atrae para sí los dos electrones con mayor fuerza, por lo tanto es más pequeño.

En el caso de los elementos del grupo VIIA, ***ns^2np^2***, pueden completar sus orbitales ***p*** ganando un electrón y adquiriendo entonces configuración de gas noble. Estos 8 electrones se repelen con mayor fuerza que los 7 originales, de manera que la nube se expande.

Al comparar el O con el ion O^{-2}, se observa que el ion con carga negativa es de mayor tamaño que el átomo neutro. El O^{-2} es más grande que el F^- `porque contiene 10 electrones atraídos por 9 protones.

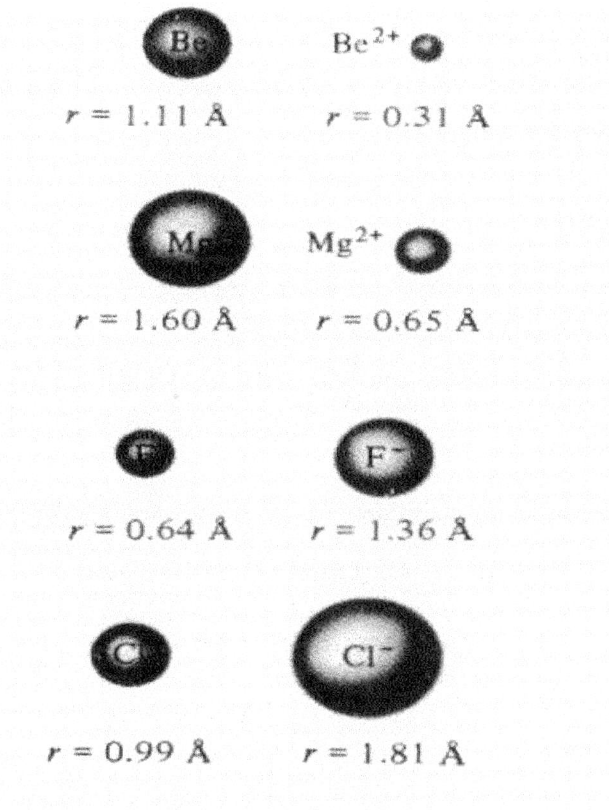

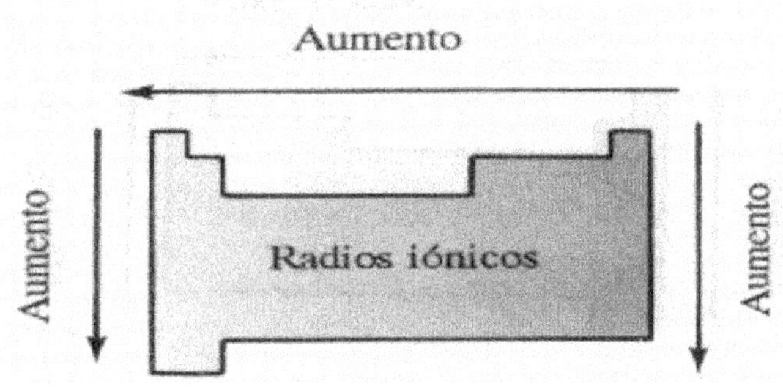

Figura 2.10.

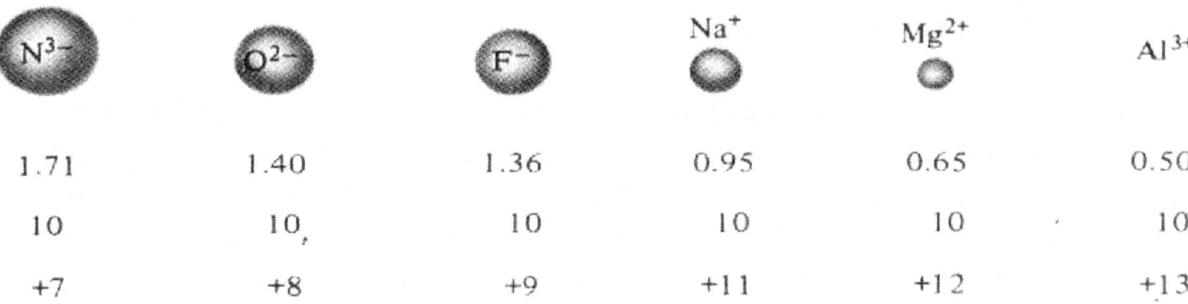

Figura 2.11. Serie isoelectrónica de iones..

Dentro de una serie isoelectrónica de iones, los radios iónicos disminuyen al aumentar el número atómico.

2.3.6. Electronegatividad

Para los elementos representativos, las electronegatividades suelen aumentar de izquierda a derecha a lo largo de los períodos y de abajo hacia arriba dentro de los grupos.

Estas variaciones en los elementos de transición no son tan regulares.

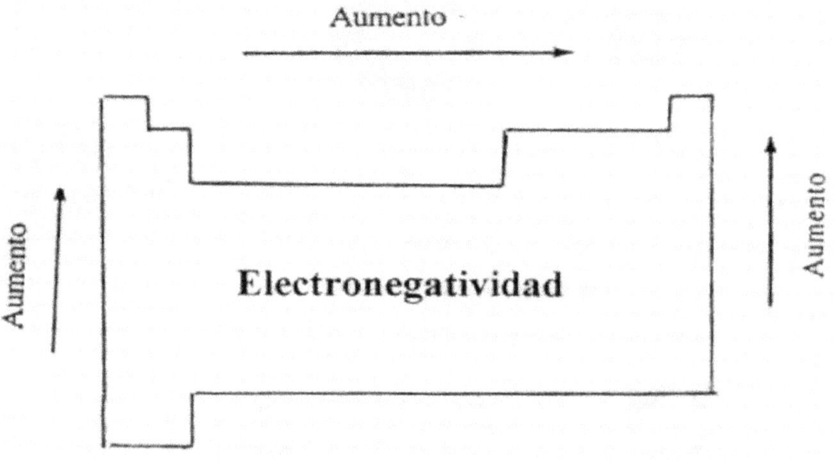

Figura 2.12.

2.3.7. Metales - Carácter Metálico.

La fuerza del enlace metálico depende en sí del número de electrones, en especial de electrones desapareados que se encuentran más allá de la última capa con configuración de gas noble.

2.3.8. Algunas propiedades físicas de metales y de no metales.

Metales	No Metales
1. Elevada conductividad eléctrica. Disminuye al aumentar la temperatura.	1. Mala conductividad eléctrica (excepto el C en forma de grafito)

2. Alta conductividad térmica	2. Buenos aislantes térmicos (excepto C como diamante).
3. Gris metálico o brillo plateado. Excepto Au y Cu.	3. Sin brillo metálico.
4. Casi todos sólidos (excepto Hg, Cs y Ga)	4. Sólidos, líquidos ó gases.
5. Maleables (pueden laminarse).	5. Quebradizos en estado sólido.
6. Dúctiles (para formar alambres).	6. No dúctiles.
7. En estados sólido se caracterizan por el enlace metálico.	7. Moléculas con enlace covalente, los gases nobles son monoatómicos.

2.3.9. Algunas propiedades químicas de metales y de no metales.

Metales	No Metales
1. Capas externa con pocos electrones (3 ó menos)	1. Capa externa con 4 ó más electrones.
2. Energías de Ionización bajas.	2. Energias de Ionización altas.
3. AE ligeramente negativas ó positivas.	3. AE muy negativas.
4. Electronegatividades bajas.	4. Electronegatividades altas.
5. Forman cationes perdiendo electrones.	5. Forman aniones ganando electrones.
6. Forman compuestos iónicos con no metales.	6. Forman compuestos iónicos con metales y compuestos covalentes con otros no metales.

3

Enlace Químico

3.0. Introducción.

La existencia de especies poliatómicas estables, implica que los átomos interactúan entre sí para formar compuestos de menor energía que la de los elementos separados. Cuando esta disminución de energía es mayor a 10 Kcal/mol, decimos que existen enlaces químicos, ya que este tipo de energías de estabilización producen especies que poseen con propiedades químicas características.

La existencia de isómeros estructurales, con la misma fórmula molecular pero con diferentes propiedades químicas y físicas, marca el hecho de que las propiedades de un compuesto son establecidas no sólo por su composición empírica, sino también por la forma como se enlazan sus átomos. Una reacción química es un proceso en cual ocurre un cambio de un tipo de enlaces por otro.

Por lo tanto para entender las propiedades químicas y físicas de los compuestos y de los elementos es necesario comprender el ***enlace químico.***

3.1. Tipos de Enlace

Existen dos tipos de enlace:

a. ***Enlace Iónico***

Se debe a interacciones electrostáticas entre los iones que pueden formarse por transferencia de uno o más electrones de un átomo o grupo de átomos a otro.

b. ***Enlace covalente***

Comparten uno ó más pares de electrones entre dos átomos.

COMPUESTOS IÓNICOS	COMPUESTOS COVALENTES
1. Son sólidos con puntos de fusión altos (por lo gral., > 400ºC).	1. Son gases, líquidos o sólidos, con puntos de fusión bajos (< 300ºC).
2. Muchos son solubles en disolventes polares, como el agua.	2. Muchos de ellos son insolubles en disolventes polares.
3. La mayoría es insoluble en disolventes no polares.	3. La mayoría son solubles en disolventes no polares.
4. Los compuestos fundidos conducen bien la electricidad porque poseen partículas móviles cargadas (iones).	4. Los compuestos líquidos o fundidos no conducen la electricidad.
5. Las soluciones acuosas conducen bien la electricidad porque contienen partículas móviles con carga.	5. Las soluciones acuosas suelen ser malas conductoras de la electricidad porque no contienen partículas con carga.

3.1.1. Enlace Iónico

El enlace iónico se produce con mayor facilidad cuando los elementos con energía de ionización baja (metales) reaccionan con elementos que tienen alta electronegatividad y mucha afinidad electrónica (no metales), de manera tal de adquirir la configuración del gas noble que les sigue.

Por ejemplo:

Cloruro de sodio (NaCl).

El átomo de Na tiene la siguiente configuración:

$$_{11}Na : [Ne] \underset{3s^1}{\downarrow}$$

Se puede perder su electrón de valencia y adquirir la configuración del Neón, transformándose en $[Na^+]$.

Análogamente, el átomo de Cl, de configuración:

$$_{17}Cl : [Ne] \underset{3s^1}{\downarrow\uparrow} \ \underset{3px^2}{\downarrow\uparrow} \ \underset{3py^2}{\downarrow\uparrow} \ \underset{3pz^1}{\downarrow}$$

Se puede ganar un electrón para formar la configuración electrónica del Argón, convirtiéndose en $[Cl^-]$.

La pérdida de un electrón por parte del átomo de sodio y la transferencia de dicho electrón al átomo de cloro permite explicar la formación del NaCl.

$$Na + Cl \longrightarrow Na^+ Cl^-$$

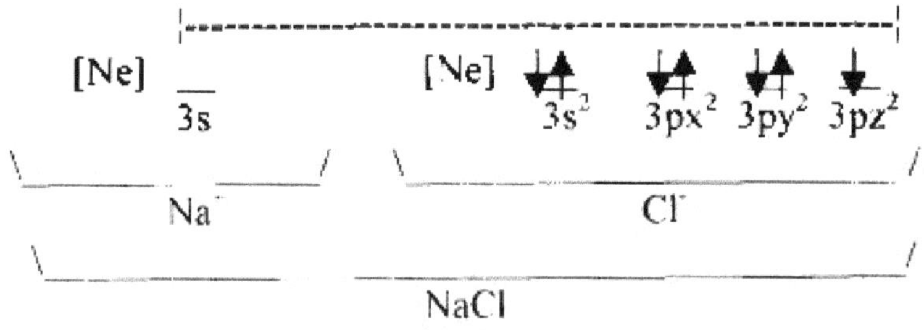

$$\underbrace{\underbrace{[Ne] \underset{3s}{\_}}_{Na^+} \quad \underbrace{[Ne] \underset{3s^2}{\downarrow\uparrow} \ \underset{3px^2}{\downarrow\uparrow} \ \underset{3py^2}{\downarrow\uparrow} \ \underset{3pz^2}{\downarrow}}_{Cl^-}}_{NaCl}$$

De lo expuesto resulta que:

> El enlace electrovalente resulta de la atracción electrostática entre iones de carga opuesta.

Estas fuerzas responden a la ley de Coulomb. Cuando dos átomos se acercan para formar un enlace se produce una disminución de la energía potencial del sistema, lo cual indica que actúan fuerzas de atracción.

Si continúa el acercamiento entre los medios, la energía potencial del sistema se incrementa, pues comienzan a actuar las fuerzas de repulsión.

Podemos citar algunos ejemplos:

Compuestos del grupo IA y del grupo VIA

$2\,Li_{(s)} + \frac{1}{2}\,O_2 \dashrightarrow Li_2O_{(s)}$

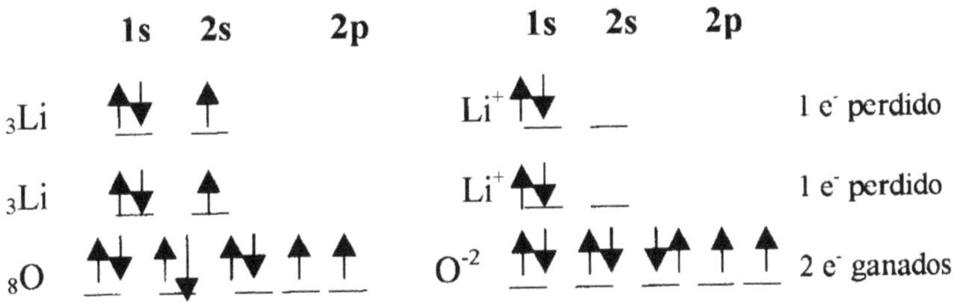

	1s	2s	2p		1s	2s	2p	
$_3Li$	↑↓	↑		Li^+	↑↓	__		1 e^- perdido
$_3Li$	↑↓	↑		Li^+	↑↓	__		1 e^- perdido
$_8O$	↑↓	↑↓	↑↓ ↑ ↑	O^{-2}	↑↓	↑↓	↑↓ ↑ ↑	2 e^- ganados

$2\,Li^+ + O \dashrightarrow 2Li^+\ [O]^{-2}$

Compuestos del grupo IIa y del grupo VIA

$2Ca_{(s)} + O_{2\,(g)} \dashrightarrow 2CaO_{(s)}$

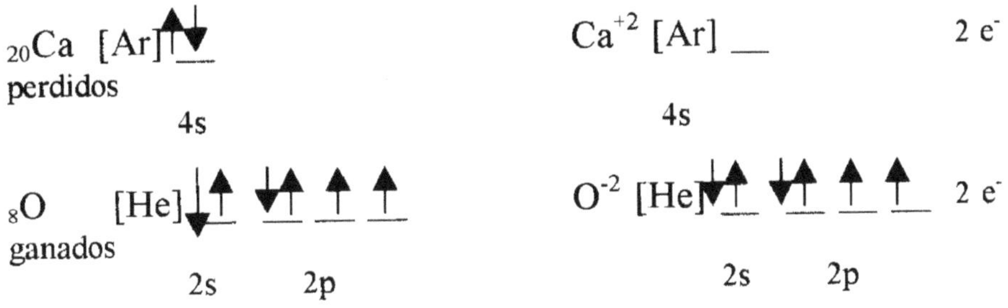

$_{20}Ca$ [Ar] ↑↓ (4s) → Ca^{+2} [Ar] __ (4s) — 2 e^- perdidos

$_8O$ [He] ↑↓ (2s) ↑↓ ↑ ↑ (2p) → O^{-2} [He] ↑↓ (2s) ↑↓ ↑ ↑ (2p) — 2 e^- ganados

$Ca: + O \dashrightarrow Ca^{+2}\ [O]^{-2}$

Metales No Metales Fórm. Gral. Iones presentes	Ejemplo PF(ºC)
IA* + VIIA ----- MX (M^+, X^-)	LiBr 547
IIA + VIIA ----- MX_2 (M^{+2}, $2X^-$)	$MgCl_2$ 708
IIIA + VIIA ----- MX_3 (M^{+3}, $3X^-$)	GaF_3 800 (Subl)
IA* + VIA ----- M_2X ($2M^+$, X^{-2})	Li_2O > 1700
IIA + VIA ----- MX (M^{+2}, X^{-2})	CaO 2580
IIIA + VIA ----- M_2X_3 ($2M^{+3}$, $3X^{-2}$)	Al_2O_3 2045
IA* + VA ----- M_3X ($3M^+$, X^{-3})	Li_3N 840
IIA + VA ----- M_3X_2 ($3M^{+2}$, $2X^{-3}$)	Ca_3P_2 ~ 1600
IIIA + VA ----- MX (M^{+3}, X^{-3})	

*El hidrógeno se considera como no metal. Todos los compuestos binarios de hidrógeno son covalentes con excepción de ciertos hidruros metálicos como NaH y CaH_2 que contienen iones hidruro, H^-.

Tabla 3.1. Tabla de compuestos iónicos binarios simples

3.1.2. Enlace Covalente.

El enlace covalente se forma cuando dos átomos comparten uno ó más pares de electrones.

La diferencia de electronegatividades no es suficientemente grande para que se efectúe transferencia de electrones.

El caso más simple es el del H_2. En su estado basal, el átomo de hidrógeno, tiene configuración $1s^1$ y la densidad de probabilidad para este electrón se encuentra distribuida en forma esférica en torno al núcleo de hidrógeno.

Al aproximarse dos átomos de hidrógeno, el electrón de cada uno de ellos es atraído por el núcleo del otro átomo de hidrógeno como así también por su propio núcleo.

Si estos electrones tienen giros opuestos de manera que puedan ocupar la misma región (orbital), ambos electrones ocuparán de preferencia la región intermedia entre dos núcleos porque son atraídos por ambos.

De esta manera los electrones se comparten entre los átomos de hidrógeno y forman un sólo ***enlace covalente***.

Los átomos enlazados tienen menor energía que estando separados. Sin embargo, al acercarse más, los dos núcleos con carga positiva ejercen cada vez mayor repulsión entre sí.

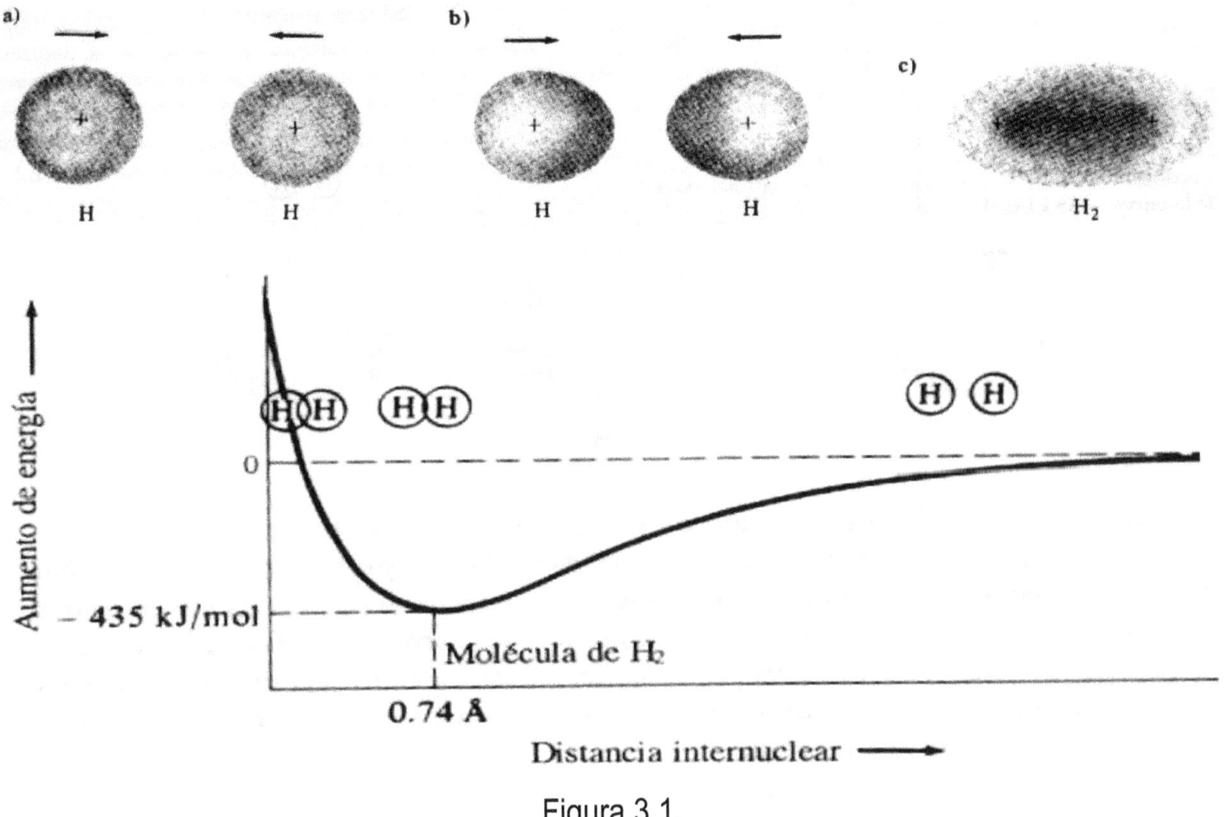

Figura 3.1.

Los enlaces covalentes pueden ser ***polares*** o ***no polares***. En un ***enlace no polar*** como en el caso del H_2,, el par de electrones se comparte por igual entre los dos núcleos de hidrógeno (ambos tienen la misma electronegatividad). en este caso, la densidad electrónica es simétrica en torno a un plano perpendicular a la línea que une a los dos núcleos.

A continuación, consideraremos ***moléculas diatómicas heteronucleares.*** Ej: HF. Es evidente que el átomo de F posee mayor electronegatividad y, por lo tanto, atrae al par electrónico con mucho mayor fuerza que el H. En este caso es un ***enlace polar.***

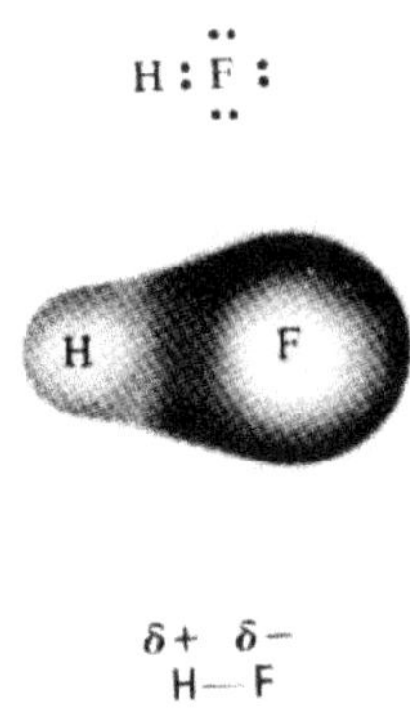

Figura 3.2.

Los enlaces covalentes polares pueden considerarse como intermedios entre los enlaces covalentes puros y los enlaces iónicos puros.

3.2. Momentos Dipolares.

Se indica la polaridad de la molécula por el momento dipolar μ , el cual mide la separación de carga en el interior de la molécula.

Es el producto de la distancia *d* que separa las cargas de igual magnitud y signo opuesto y la magnitud de la carga *q*.

Para que una molécula sea polar es preciso que cumpla las dos condiciones siguientes:

1. Debe existir, por lo menos, un enlace polar o un par de electrones no compartidos en el átomo central.
2. Cuando hay más de un enlace polar, los pares no compartidos, deben estar ordenados de manera que los momentos dipolares no se cancelen entre sí.

3.3. Fórmulas puntuales de Lewis para iones y moléculas poliatómicas.

Las fórmulas de Lewis permiten llevar una contabilidad de electrones y son de utilidad como primera aproximación para sugerir los esquemas de enlace. En ellas sólo se muestran los electrones de valencia, el número y tipos de enlace y el orden en que los átomos se encuentran conectados.

No sirven para representar formas tridimensionales de las moléculas e iones poliatómicos.

H_2O

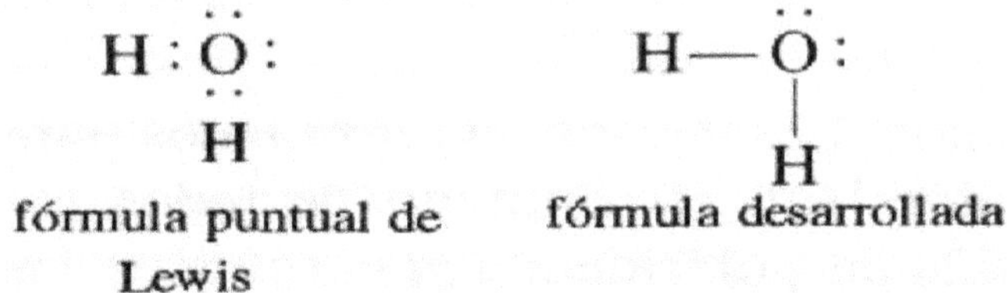

fórmula puntual de Lewis   fórmula desarrollada

Tiene dos enlaces covalentes simples

CO_2

O : : C : : O   O=C=O

Tiene 4 pares de e^- compartidos, es decir, 2 dobles enlaces.

Ión poliatómico: NH_4^+

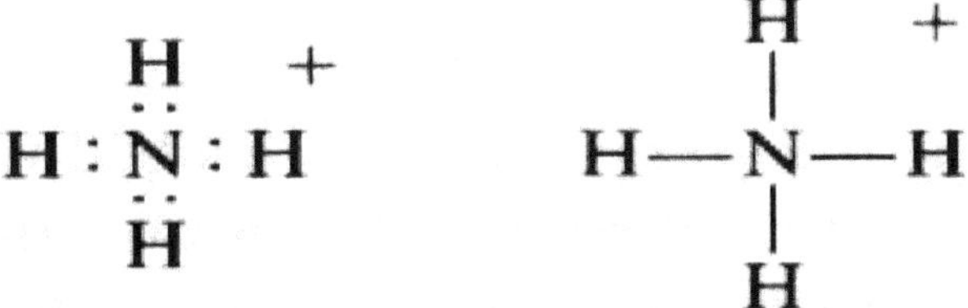

fórmula puntual de Lewis   fórmula de guión

Manera de escribir las fórmulas de Lewis

1. Elegir un esqueleto razonable (simétrico) para la molécula o ion poliatómico.
   a. El elemento menos electronegativo suele ser el elemento central, con excepción del H. El elemento menos electronegativo suele ser el que necesita más electrones para llenar su octeto. Ej. CS_2 tiene el esqueleto S C S.

b. Los átomos de oxígeno no se enlazan entre sí, con excepción de:

1b - Moléculas de O_2 y O_3.

2b - Peróxidos que contienen el grupo O_2^{-2}.

3b - Superóxidos poco frecuentes que contienen el grupo O_2^{-}

Ej: SO_4^{-2} que tiene el esqueleto O^{-2}

O S O

O

c. En los ácidos ternarios (oxácidos) el H suele enlazarse a un átomo de oxígeno y no al átomo central.

Ejemplo:

En el HNO_2 -----> H O N O (existen excepciones como el H_3PO_3 y H_3PO_2).

d. Para iones o moléculas que tienen más de un átomo central, se emplea el esqueleto más simétrico posible. Por ejemplo:

C_2H_4 H H y en $P_2O_7^{-4}$ O O^{-4}

C C OPOPO

H H O O

2. Se calcula **N número de electrones de la capa externa o de valencia,** que requieren todos los átomos de la molécula para adquirir configuraciones de gas nobles.

Por ejemplo:

H_2SO_4

N = 8 x 1(át.de S) + 8 x 4 (át.de O) + 2 x 2 (át.de H) =

= 8 + 32 + 4 = **44 electrones necesarios**

Para SO_4^{-2}, **N** = 8 + 32 = **40 electrones necesarios**

3. Se calcula **A**, **el número de electrones disponibles en las capas externas de todos los átomos.**

   - Para iones con carga negativa: se suma al total el número de electrones igual a la carga del anión.
   - Para iones con carga positiva: se resta el número de electrones igual a la carga del catión.

   Ejemplo: H_2SO_4

   A = 2 x 1 (á. de H) + 1 x 6 (át. de S) + 4 x 6 (át. de O)

   = 2 + 6 + 24 = **32 electrones disponibles**.

   Para SO_4^{-2},

   A= 1 x 6 (át.S) + 4 x 6 (át.O) + 2 (para carga -2)

   A= 6 + 24 + 2 = **32 electrones disponibles.**

4. Se calcula **S el número total de electrones compartidos en la molécula o ion usando la relación S = N - A**

   Por ejemplo, H_2SO_4

   S = N - A = 44 - 32 = **12 electrones compartidos**.

   Para SO_4^{-2}

   S = N - A = 40 - 32 = **8 electrones compartidos**.

5. Se colocan los electrones S como pares de electrones compartidos, usando dobles y triples enlaces, en caso necesario. Por ejemplo, H_2SO_4

FÓRMULA	**ESQUELETO**	**FÓRMULA PUNTUAL**	**FÓRMULA DE GUIÓN**
H_2SO_4	O H O S O H O	O H:O:S:O:H O	O | H—O—S—O—H | O
SO_4^{2-}	O $^{2-}$ O S O O	O $^{2-}$ O:S:O O	O $^{2-}$ | O—S—O | O

6. Se colocan los electrones adicionales en el esqueleto como pares de electrones no compartidos (solitarios) para llenar el octeto de cada elemento del grupo A (a excepción del H que sólo comparte dos electrones).

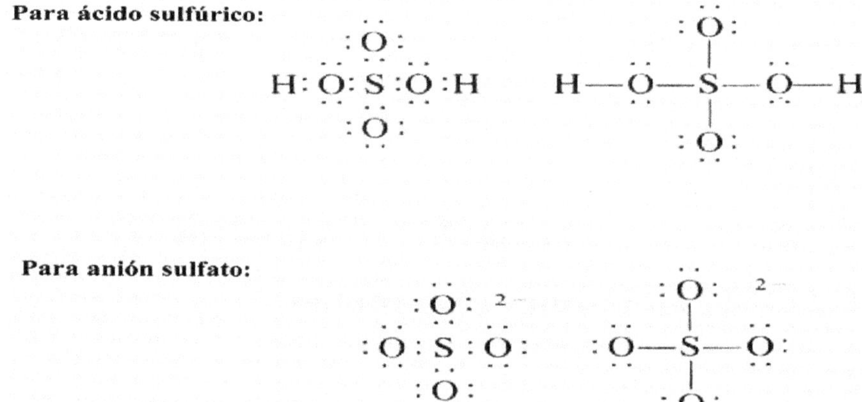

3.4. Resonancia.

> Una molécula o ion poliatómico para el cual es posible escribir dos o más fórmulas puntuales con el mismo ordenamiento de átomos con el fin de describir el enlace, presenta *Resonancia.*

Ejemplo: anión carbonato

:O: 2−   :O: 2−   :O: 2−

:O—C=O: ⟷ :O—C—O: ⟷ :O=C—O:

Los enlaces C-O son ni dobles, ni simples, sino que tienen longitud intermedia y fuerzas intermedias.

Otra forma de representarlos es ***Deslocalizados*** entre los cuatro, es decir, cuatro parejas de electrones compartidos se distribuyen en igual forma entre los tres enlaces C-O:

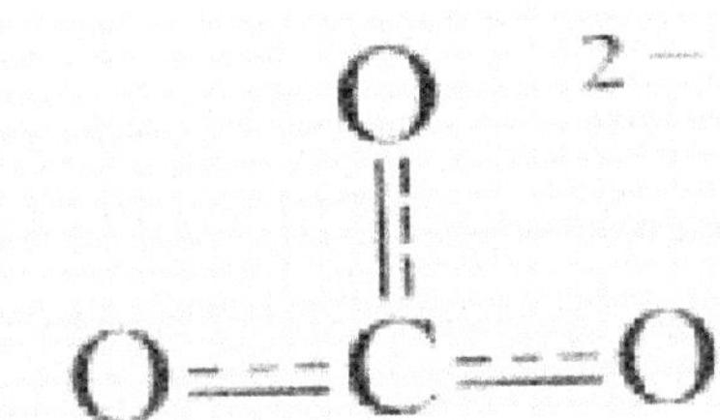

3.5. Estructura Molecular.

3.5.1. Teoría del Enlace Covalente.

Teoría de la repulsión del par de electrones en la capa de valencia

Se considera que el enlace simple, doble, triple y un par no compartido de electrones constituyen una *única región de alta densidad electrónica.*

La teoría se basa en dos supuestos:

1. Cada par de electrónico de la capa de valencia de un átomo central es significativo.
2. Las repulsiones entre los pares de electrónicos de la capa de valencia determinan las formas de la moléculas.

Los pares electrónicos de la capa de valencia se encuentran ordenados en torno al átomo central, de manera que las repulsiones entre ellos se reducen al mínimo.

El ordenamiento de las regiones de alta densidad electrónica se conoce como ***Geometría Electrónica*** del átomo central.

Teoría del enlace de valencia.

Esta teoría describe de qué manera se forma el enlace y cómo se superponen para producir el enlace en dichas geometrías.

Hibridación de orbitales

Se admite la posibilidad de una modificación de la configuración electrónica del átomo, tendiente a facilitar un mayor número de enlaces. Esta modificación se produce mediante la asociación de orbitales de valencia contiguos, en orden de llenado, de la cual resulta una nueva distribución de probabilidades de localizar a los electrones.

> Se conoce como ***Hibridación*** a la asociación de orbitales de valencia del átomo, de la cual resulta un nuevo conjunto de orbitales, todos ellos equivalentes desde el punto de vista energético

Los enlaces que se materializan mediante orbitales atómicos hibridizados son más estables que los formados a través de orbitales atómicos puros.

Moléculas AB_2 sin pares de electrones no compartidos en moléculas A-lineales

Ejemplo:

$BeCl_2$, $BeBr_2$ y BeI_2, y también CdX_2 y HgX_2 en donde X= Cl, Br, Y.

Se sabe que todas ellas son lineales (ángulo de 180º) y corresponden a compuestos covalentes no polares, aunque los enlaces individuales son polares.

Por ejemplo el $BeCl_2$:

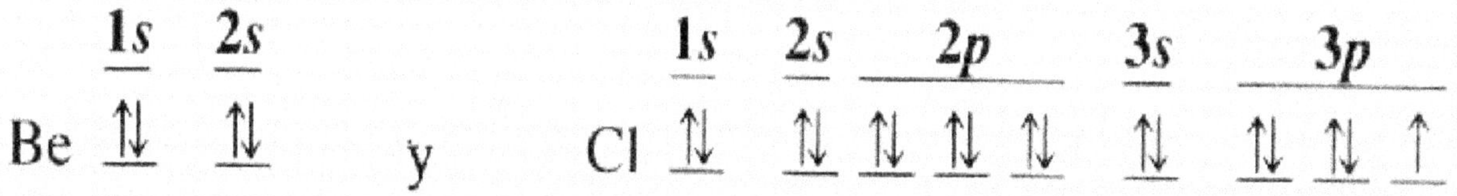

	1s	2s
Be	↑↓	↑↓

y

	1s	2s	2p			3s	3p		
Cl	↑↓	↑↓	↑↓	↑↓	↑↓	↑↓	↑↓	↑↓	↑

REGIONES DE ALTA DENSIDAD ELECTRÓNICA[a]
GEOMETRÍA ELECTRÓNICA
HIBRIDACIÓN EN EL ÁTOMO CENTRAL (A)
ORIENTACIÓN DEL ORBITAL HIBRIDIZADO
2
A
lineal
(180°)
sp
3
A
planar triangular
(120°)
sp2
4
A
tetraédrica
(109.5°)
sp3
5
A
bipiramidal triangular
(90°, 120°, 180°)
sp3d
6
A
octaédrica
(90°, 180°)
sp3d2

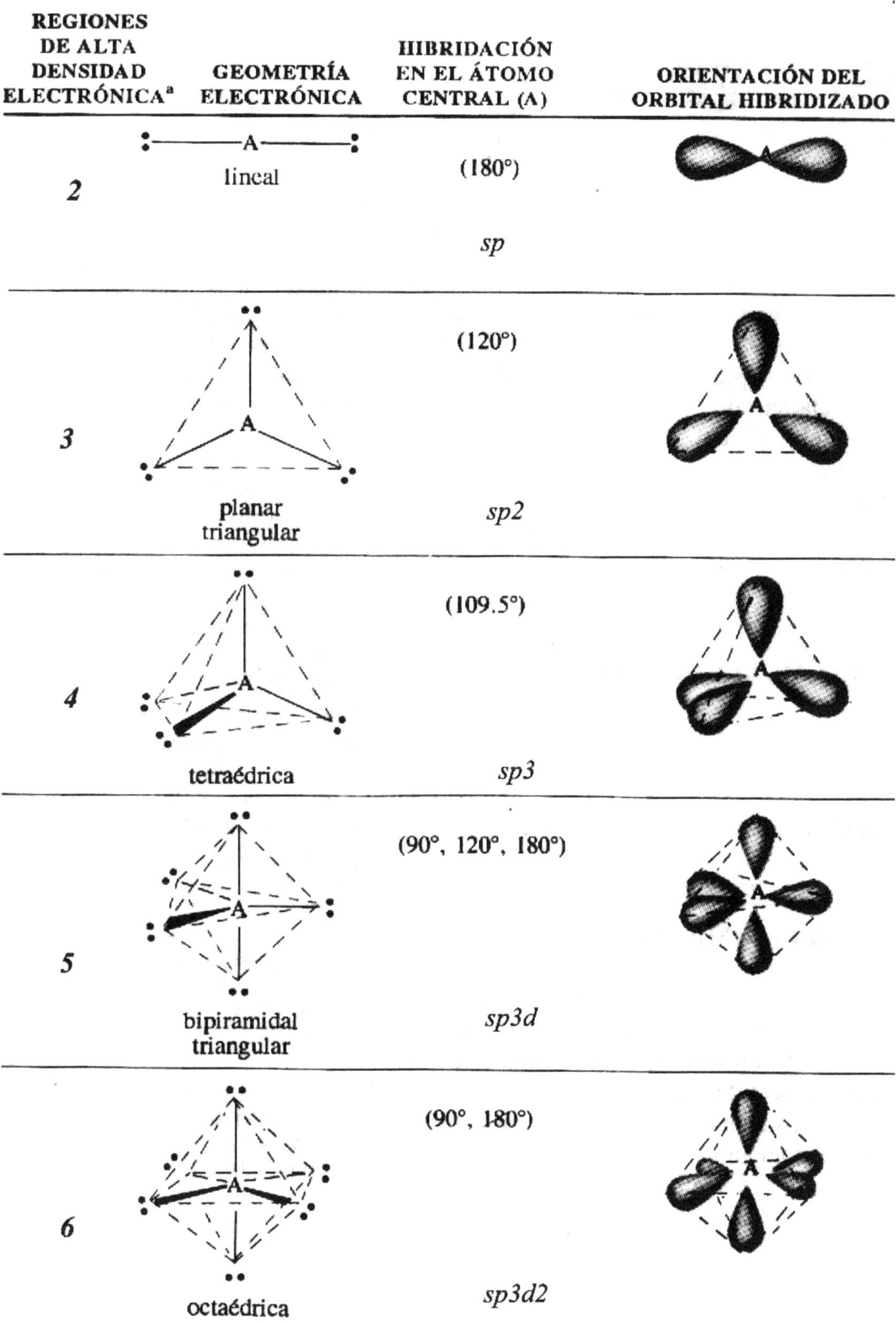

Figura 3.3.

3.5.2. Teoría de la repulsión

Los dos pares electrónicos de Be se encontrarán a igual distancia y a 180º.

Ambos pares electrónicos son pares de enlace, de manera que la teoría del par de valencia predice un ordenamiento lineal.

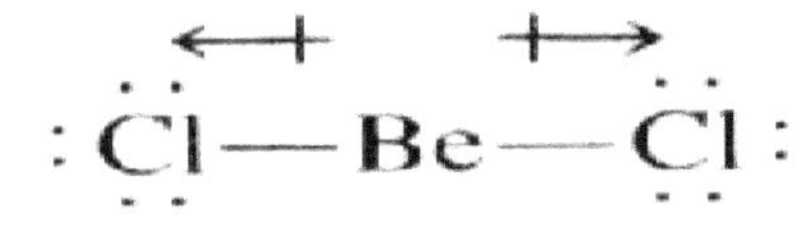

$$\overset{\longleftarrow\!+}{:\ddot{\underset{..}{Cl}}}\!-\!Be\!-\!\overset{+\!\longrightarrow}{\ddot{\underset{..}{Cl}}:}$$

Cada dipolo de enlace puede considerarse como un vector electrónico. Los dos dipolos son de magnitud idéntica y dirección opuesta, por lo tanto, se cancelan, para dar moléculas no polares.

Si bien la diferencia de electronegatividad es grande, lo cual podría producir un enlace iónico, dado que el radio del Be^{+2} es muy pequeño y su densidad de carga muy alta (relación carga/tamaño), pero la mayoría de los compuestos simples de berilio son covalentes.

La alta densidad de carga del Be^{+2} hace que atraiga y distorsione la nube electrónica de aniones monoatómicos de todos los elementos, con excepción de los más electronegativos (BeF_2 y BeO_2).

3.5.3. Teoría de valencia

De acuerdo a la configuración electrónica basal del Be, hay dos electrones apareados en el orbital 2s. Entonces, cómo se unirán dos átomos de Cl al Be?

Se necesita que el átomo del Be tenga disponible un orbital para cada electrón de enlace del Cl (electrones p desapareados).

Supongamos que el átomo de Be promueve uno de los electrones 2s apareados a uno de los 2p vacíos.

Pero los 2s y 2p del be no pueden superponerse a un orbital 3p del Cl con la misma eficacia y por lo tanto predeciría dos enlaces Be - Cl no equivalentes ----> LA PROMOCIÓN NO ES VIABLE.

Be [He] $\frac{\uparrow\downarrow}{2s}$ $\underbrace{\_\ \_\ \_}_{2p}$ $\xrightarrow[\text{promoción}]{}$ Be [He] $\frac{\uparrow}{2s}$ $\underbrace{\uparrow\ \_\ \_}_{2p}$

El recurso que tenemos es ***Hibridar,*** combinar 1s y 1p para dar dos ***orbitales híbridos sp***, así los enlaces Cl - Be serán de la misma longitud y fuerza.

Por la regla de Hund, los dos electrones de valencia del Be ocuparán individualmente cada uno de los orbitales.

Be [He] $\frac{\uparrow\downarrow}{2s}$ $\underbrace{\_\ \_\ \_}_{2p}$ $\xrightarrow[\text{Hibridación}]{}$ Be [He] $\underbrace{\uparrow\ \uparrow}_{sp}$ $\underbrace{\_\ \_}_{2p}$

Esto sí es viable

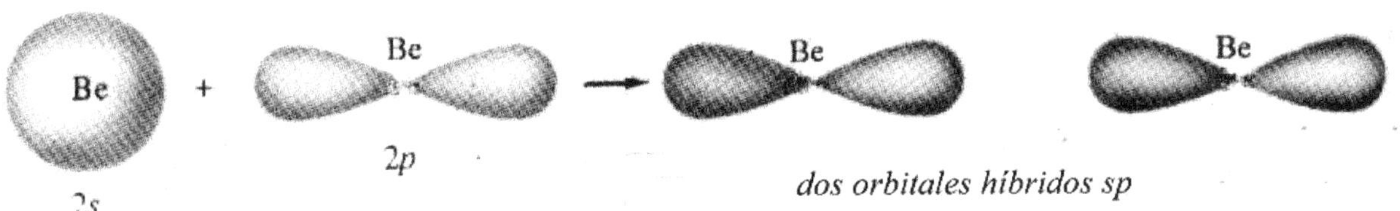

Figura 3.4.

> **Los orbitales híbridos sp se describen como ORBITALES LINEALES y se dice que el Be tiene GEOMETRÍA ELECTRÓNICA LINEAL.**
>
> **Por lo general, la HIBRIDACIÓN *sp* se produce en el átomo central de una molécula o ion poliatómico siempre que hay dos regiones de alta densidad electrónica en torno al átomo central.**

Moléculas AB_3 sin Pares de Electrones No-Compartidos en Moléculas A-Plano Triangulares.

El Boro es un elemento del grupo IIIA que forma muchos compuestos covalentes enlazándose con otros tres átomos. Ej: BF_3, BCl_3, BBr_3 y BI_3. Todas estas moléculas son **plano triangulares no-polares.**

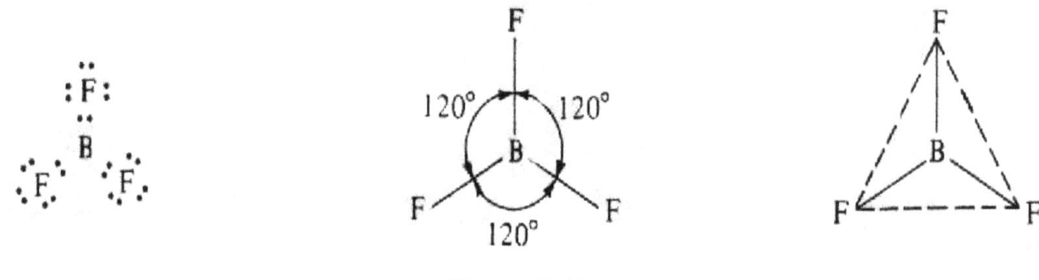

Figura 3.5.

a) Cada átomo de B tiene tres electrones en su capa de valencia.

b) Cada átomo de B se encuentra enlazado a tres átomos de F.

Se observa que el BF_3 y otras moléculas similares tienen elementos que no alcanzan la configuración de gas noble al compartir electrones.

La teoría de la repulsión del par electrónico predice una ESTRUCTURA PLANO TRIANGULAR. Esta estructura da un máximo de separación entre los tres pares de electrones del enlace. No hay pares de electrones solitarios.

Los cuatro átomos se encuentran en el mismo plano y los tres átomos de F están en los vértices de un triángulo equilátero y el B en el centro.

Examinando los dipolos del enlace del BF_3 se observa diferentes electronegatividades y que los enlaces son muy polares.

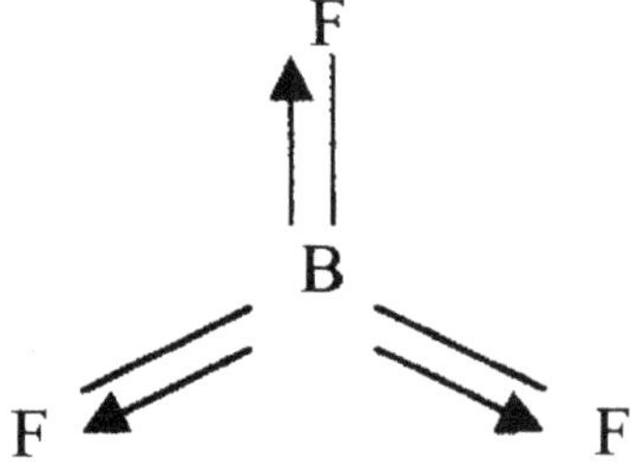

Figura 3.6.

- Los tres dipolos son simétricos y se cancelan para dar moléculas no polares.
- Para explicar los tres enlaces B-F equivalentes, recurrimos a la teoría del enlace de valencia, por lo tanto se recurre a la hibridación.

En este caso el orbital 2s y los dos orbitales 2p del B se hibridizan para formar un conjunto de tres orbitales híbridos **sp^2** degenerados

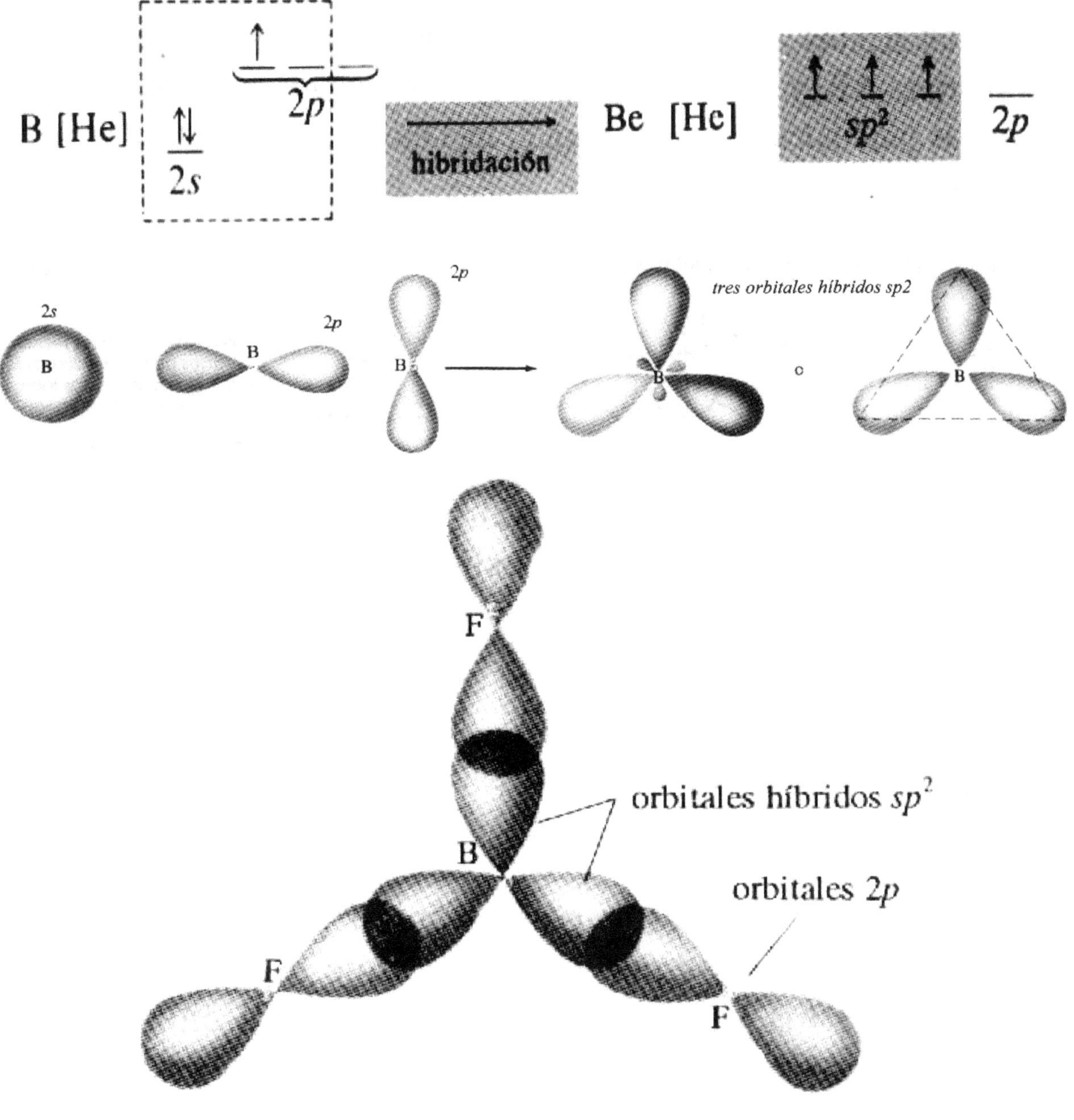

Figura 3.7.

> La hibridación sp^2 se produce en el átomo central siempre que existan tres regiones de alta densidad electrónica en torno a él.

Moléculas AB_4 sin pares de electrones no compartidos en moléculas A-Tetraédricas.

Los elementos del Grupo IVA tienen cuatro electrones en sus niveles de energía ocupados más altos. Forman muchos compuestos covalentes compartiendo cuatro electrones con otros cuatro átomos. Ejemplo: CH_4, CF_4, CCl_4 y SiF_4.

Todas estas moléculas son tetraédricas y no polares (ángulos de 109,5º)

H
H : C : H
H

Metano

F
F : C : F
F

Tetrafluoruro de carbono

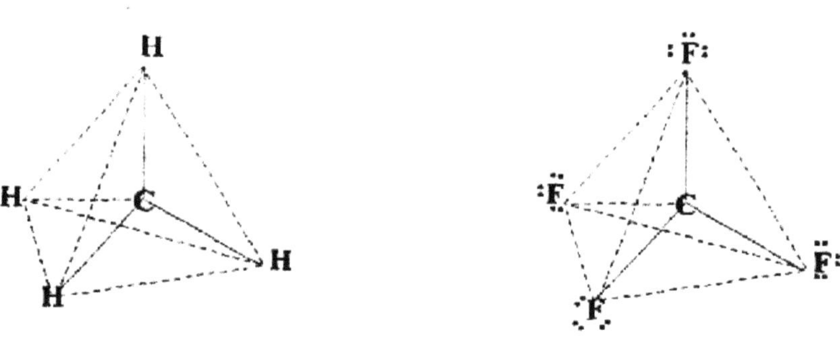

Figura 3.8.

Al observar los dipolos del enlace se observa que en el CH_4 los enlaces individuales tienen leve polaridad, no así como en el CF_4 donde son muy polares. En el CH_4 se dirigen hacia el C, y en el CF_4 se alejan de él.

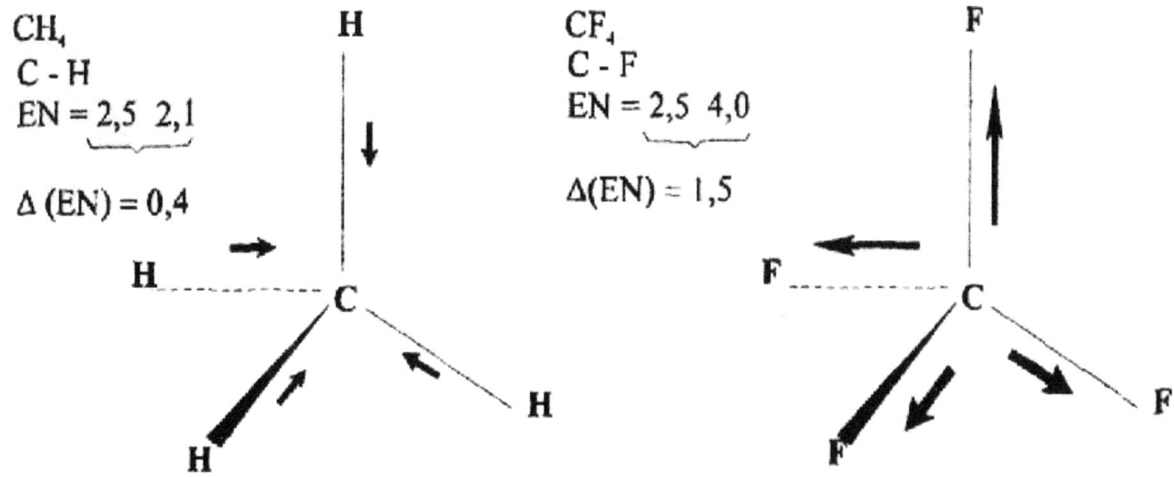

Figura 3.9.

Todas las moléculas AB, tetraédricas, en las cuales NO HAY PARES DE e^- NO COMPARTIDOS EN ELEMENTOS CENTRALES

Según la teoría del enlace de valencia, debe tener cuatro orbitales para el enlace. Para ello, el C forma cuatro orbitales híbridos sp^3 mezclando los orbitales s y los 3p de la capa externa.

C : [He] ↑↓ (2s) ↑ ↑ _ (2p) ------> C: [He] ↑ ↑ ↑ ↑ (sp^3)

Orbitales híbridos sp^3

Por lo general, la hibridación sp^3 se produce en el átomo central de una molécula cuando existen cuatro regiones de alta densidad electrónica en torno a ese átomo.

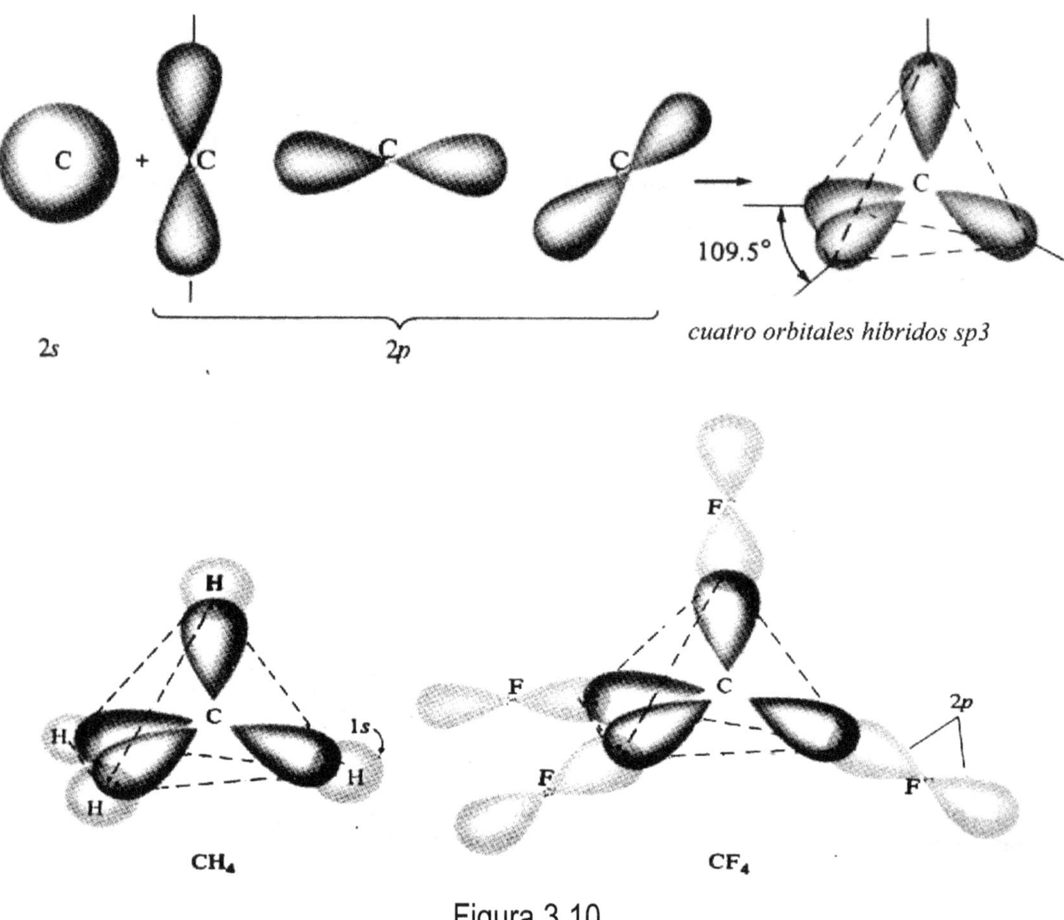

Figura 3.10

Moléculas AB_3 con un par de electrones no-compartidos en moléculas A-Piramidales.

Los elementos del grupo VA tienen cinco electrones en su capa de valencia y forman algunos compuestos covalentes compartiendo tres de estos electrones con otros tres átomos.

Ejemplo: NH_3 y NF_3.

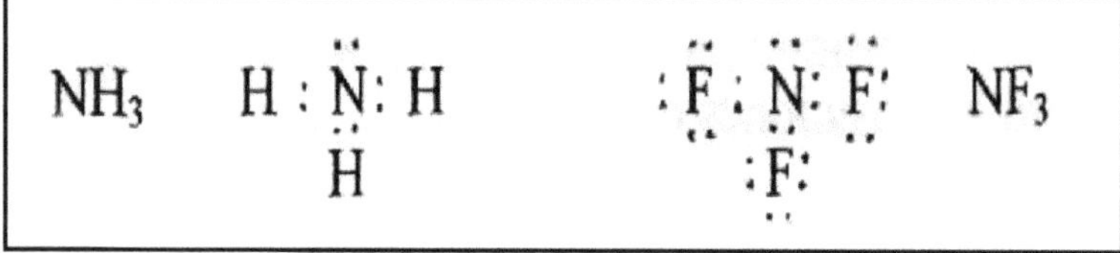

La teoría de la repulsión del par electrónico predice que los cuatro pares electrónicos en torno al N se dirigirán hacia los vértices de un tetraedro. Por otra parte, el N tiene un par electrónico solitario (asociados con un sólo núcleo).

Muchas mediciones han demostrado que los pares solitarios ocupan más espacio que los pares de enlace. Esto se debe a que el par no-compartido (solitario) tiene un sólo átomo que ejerce fuerzas de atracción sobre él (se encuentra más cercano al núcleo).

El ángulo de 107° equilibra las fuerzas de repulsión entre los pares electrónicos de la capa de valencia y los pares solitarios.

Con respecto a la electronegatividad en NH_3 y NF_3 son iguales pero en posiciones opuestas.

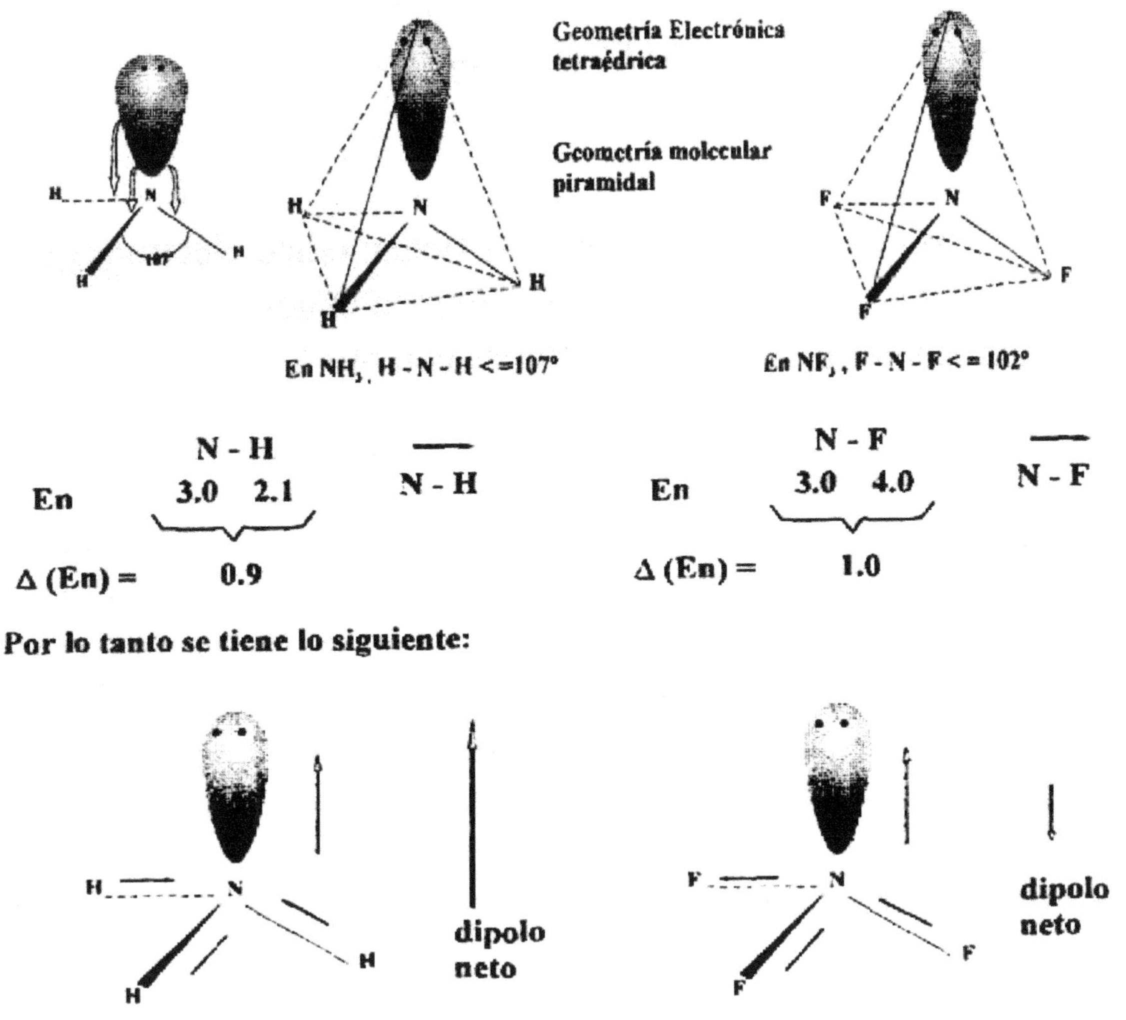

Figura 3.11.

En el NH_3, los dipolos refuerzan el efecto del par solitario, de manera que es muy polar.

En el NF_3 los dipolos de enlace se oponen al efecto del par solitario,de manera que es levemente polar.

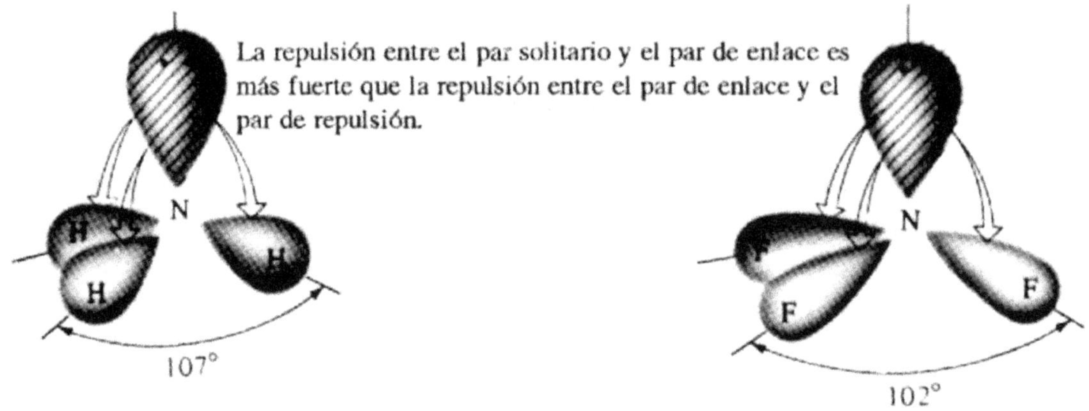

Figura 3.12.

Existen cuatro orbitales casi equivalentes (tres de enlace y en el cuarto se encuentra el par solitario), de esta manera se requieren cuatro **orbitales híbridos sp^3**

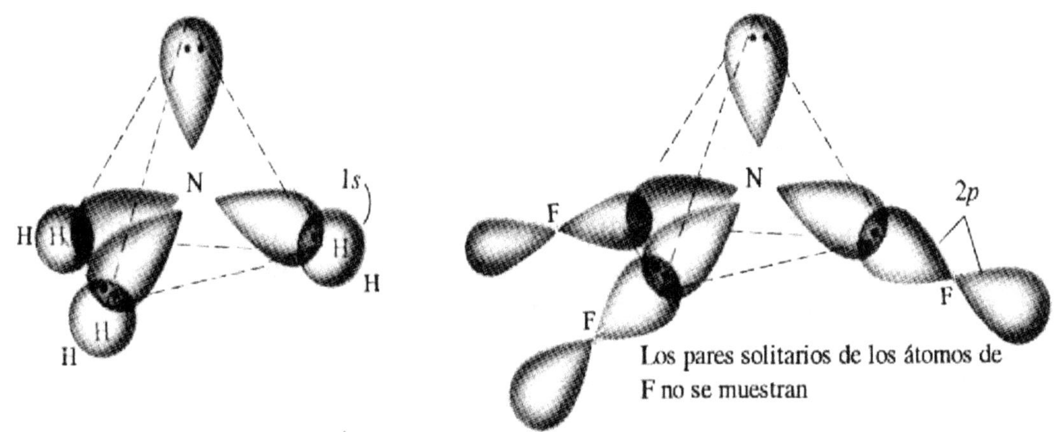

Figura 3.13

Moléculas AB_2 con dos pares de electrones no-compartidos en moléculas A-Angulares.

Los elementos del grupo VIA tienen seis electrones en sus niveles de energía más altos y forman muchos compuestos covalentes compartiendo dos electrones adicionales con otros dos átomos. Ejemplo: H_2O, H_2S y Cl_2O.

H_2O H --- O
|
H

El ángulo de enlace es de 104,5º y la molécula es altamente polar.

Hay que distribuir seis electrones y hay cuatro orbitales, por eso tiene **alto punto de ebullición** con **bajo peso molecular.**

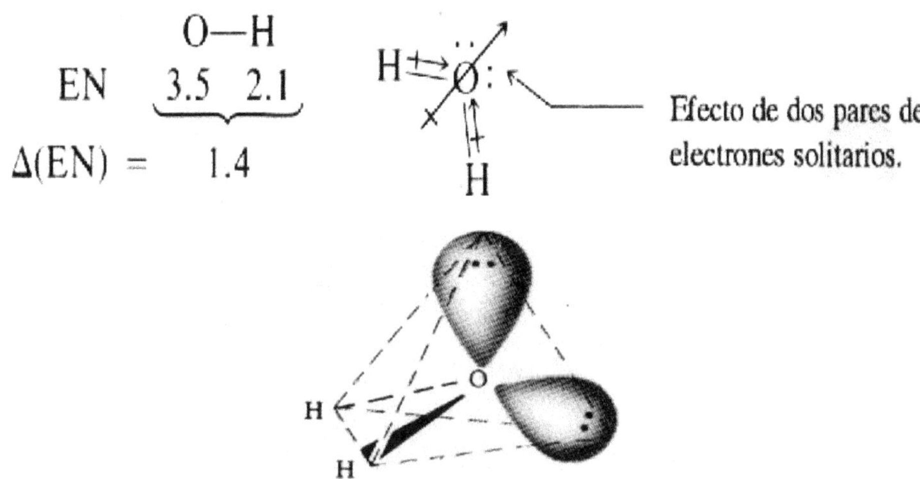

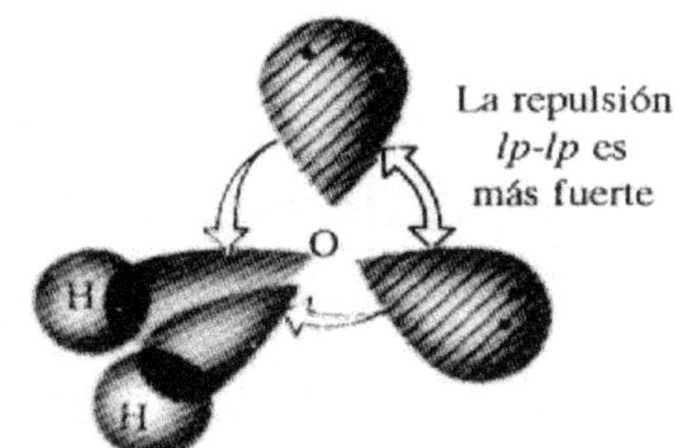

Ahora hay *dos* pares de electrones solitarios que rechazan a los pares compartidos.

Figura 3.14.

La diferencia de electronegatividades es considerable, por lo tanto, los enlaces son bastante polares. Además, los dipolos del enlace refuerzan el efecto de los dos pares no-compartidos.

El ángulo de enlace es cercano al valor tetraédrico. La teoría del enlace postula **cuatro orbitales híbridos sp^3** centrados sobre el átomo de O: dos participan en el enlace y dos contienen pares de elctrones solitarios. Estos dos últimos se repelen entre sí y con los pares de enlace con bastante fuerza (los que se acercan entre sí) y por lo tanto el ángulo de enlace disminuye.

Moléculas AB con tres pares de electrones no-compartidos en moléculas A-lineales.

Los elementos del grupo VIIA tienen siete electrones en sus niveles de energía ocupados más altos. Forman moléculas covalentes como: H-F, H-Cl, Cl-Cl é I-I. Todas las moléculas diatómicas son **lineales**.

Moléculas AB_5 sin pares de electrones no-compartidos en moléculas A-bipiramidales triangulares

Otros elementos del grupo VA (P, As y Sb) forman compuestos covalentes compartiendo sus cinco electrones de valencia con otros cinco átomos. Ej: PF_5. Cada P tiene cinco electrones de valencia que comparte con cinco átomos de F.

Las moléculas PF_5 son NO POLARES BIPIRAMIDALES TRIANGULARES, es decir, un poliedro con seis lados que consta de dos pirámides unidas en una base triangular común.

La teoría de repulsión predice que los cinco pares de electrones en torno al átomo de P deben encontrarse a tanta distancia como sea posible. Esto se logra cuando los cinco puntos (pares de enlace o enlazantes) se colocan en los vértices y el sexto (P) en ele centro.

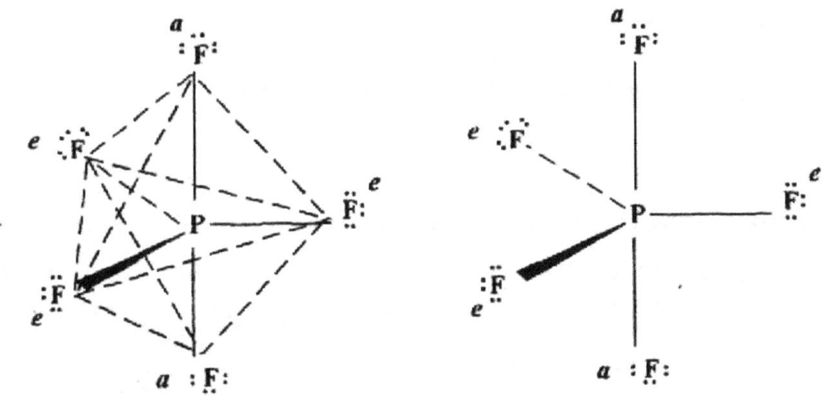

Figura 3.15.

- Los enlaces axiales P-F (por encima y por debajo del plano) son más largos que los ecuatoriales.
- Los ángulos F-P-F axial a ecuatorial, son de 90º, los ángulos F-P-F ecuatorial a ecuatorial, son de 120º y los ángulos F-P-F axial a axial, son de 180º.
- La gran diferencia de electronegatividad indica que son enlaces muy polares.
- Los dipolos del enlace axial se cancelan entre sí y los ecuatoriales también por lo tanto la molécula PF_5 no es polar.

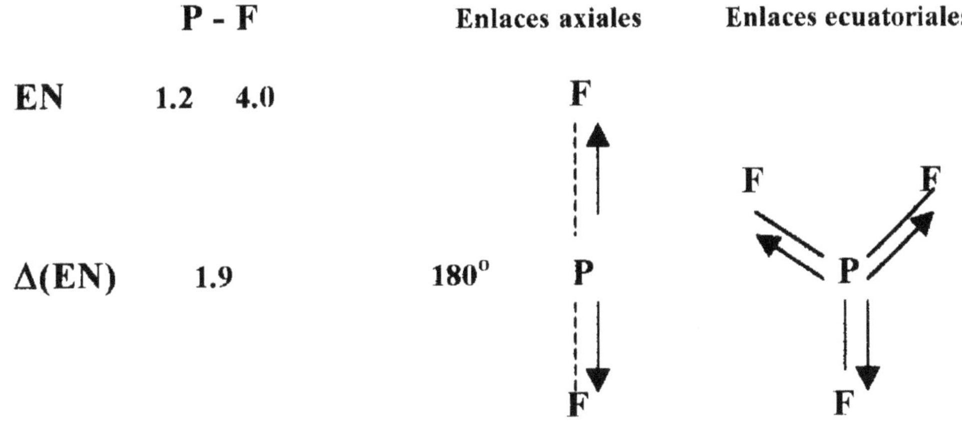

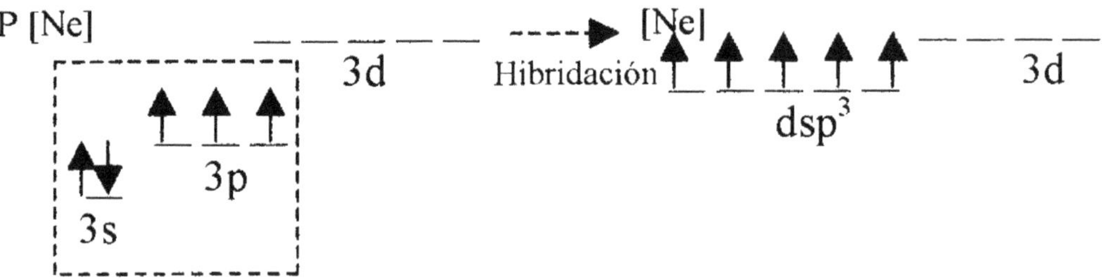

Figura 3.16.

Como el elmento central, el P, necesita cinco orbitales semillenos, recurre a la hibridación. la realiza con un orbital **d**

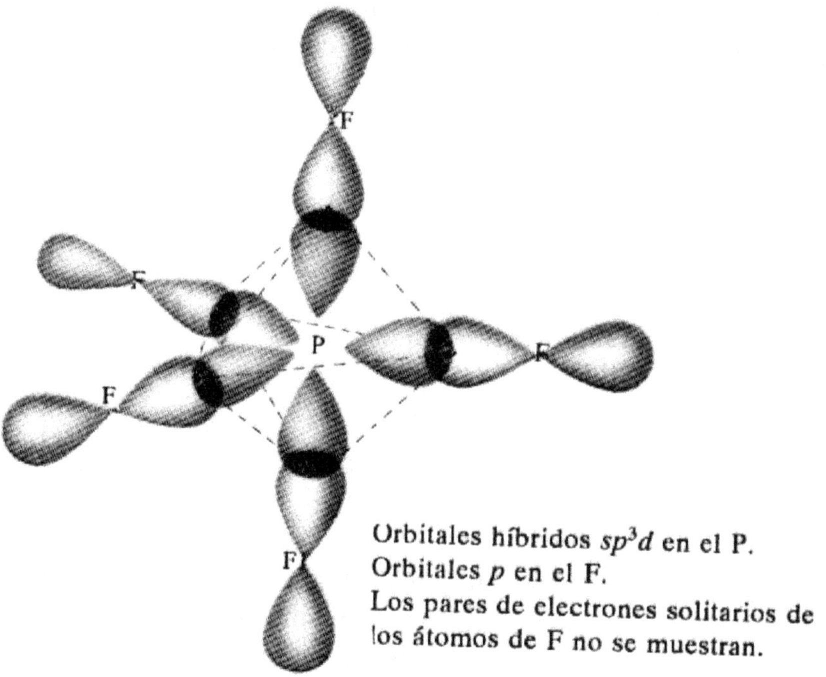

Figura 3.17.

de un conjunto vacío de orbitales 3d y los orbitales 3s y 3p del átomo de P.

El N no puede formar este tipo de hibridación debido a:

1. El N es demasiado pequeño para acomodar más de cuatro sustituyentes (sin población excesiva provoca inestabilidad).
2. El N carece de orbitales **d** de baja energía.

Moléculas AB_6 sin par de lectrones no-compartidos en moléculaS A-octaédricas.

Los elementos más pesados del grupo VIA forman compuestos covalentes del tipo AB_6 compartiendo sus seis electrones de valencia con otros seis átomos. Ej: SF_6 es octaédrica y no polar.

Tiene seis pares de electrones de valencia y seis átomos de f en torno a un átomo de S, la geometría molecular y elctrónica son iguales.

La separación máxima posible para seis pares de electrones en torno a un átomo de S se logra cuando estos se encuentran en los vértices y el S en el centro de un octaedro regular.

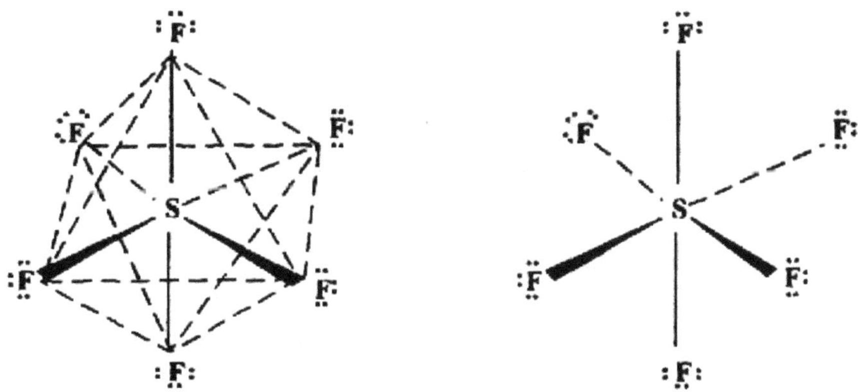

Figura 3.18

Al examinar la molécula octaédrica se observa que los ángulos de enlace son de 90° y 180°. cada enlace S-F es bastante polar, pero la molécula es casi simétrica y no polar.

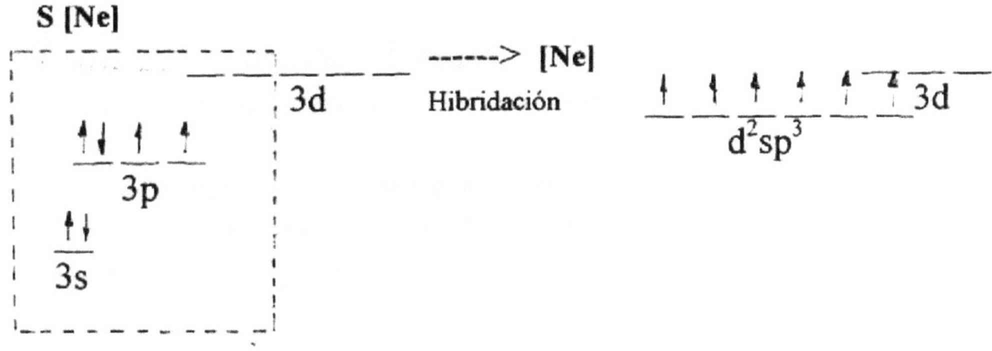

Figura 3.19

Los átomos de S pueden usar un orbital 3s, tres 3p y dos 3d para formar seis orbitales híbridos y acomodar seis pares de electrones.

Cada orbital hídrido d^2sp^3 se superpone con un orbital 2p semilleno del F para formar un total de seis enlaces covalentes.

Ocurre lo mismo con el Se y el Fe, no así con el O porque no tiene orbitales d.

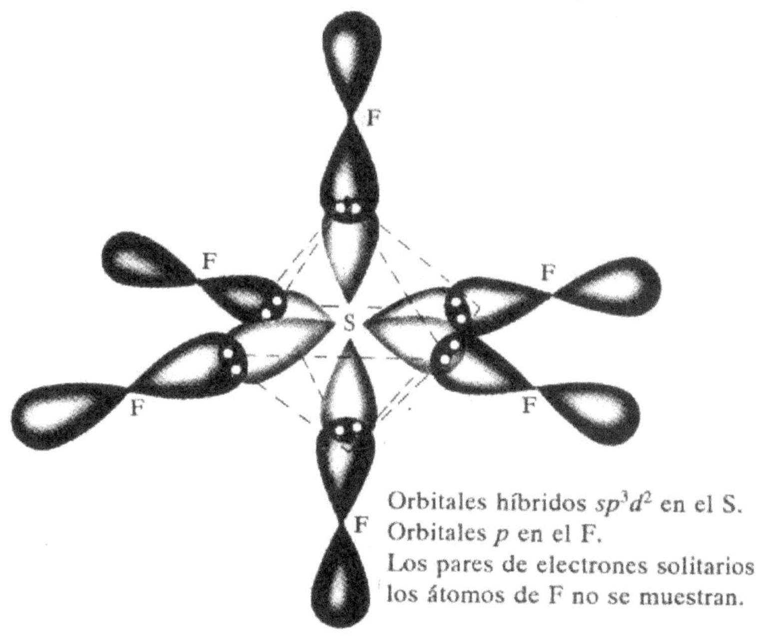

Figura 3.20.

Compuestos con dobles enlaces.

Ejemplo: C_2H_4 (Etileno) S = N - A = 12 e^- compartidos

```
H.      .H        H           H
  :C::C:            \       /
H.      .H            C==C
                    /       \
                  H           H
```

Existen tres regiones de alta densidad electrónica en torno al átomo de C.

La teoría de repulsión indica que cada átomo de C se encuentra en un plano triangular.

La teoría de valencia indica que cada átomo con doble enlace tiene hibridación sp^2 con un electrón en cada orbital híbrido $\mathbf{sp^2}$ y un electrón en un orbital no híbrido **2p.** Este es perpendicular al plano de los $\mathbf{sp^2}$**.**

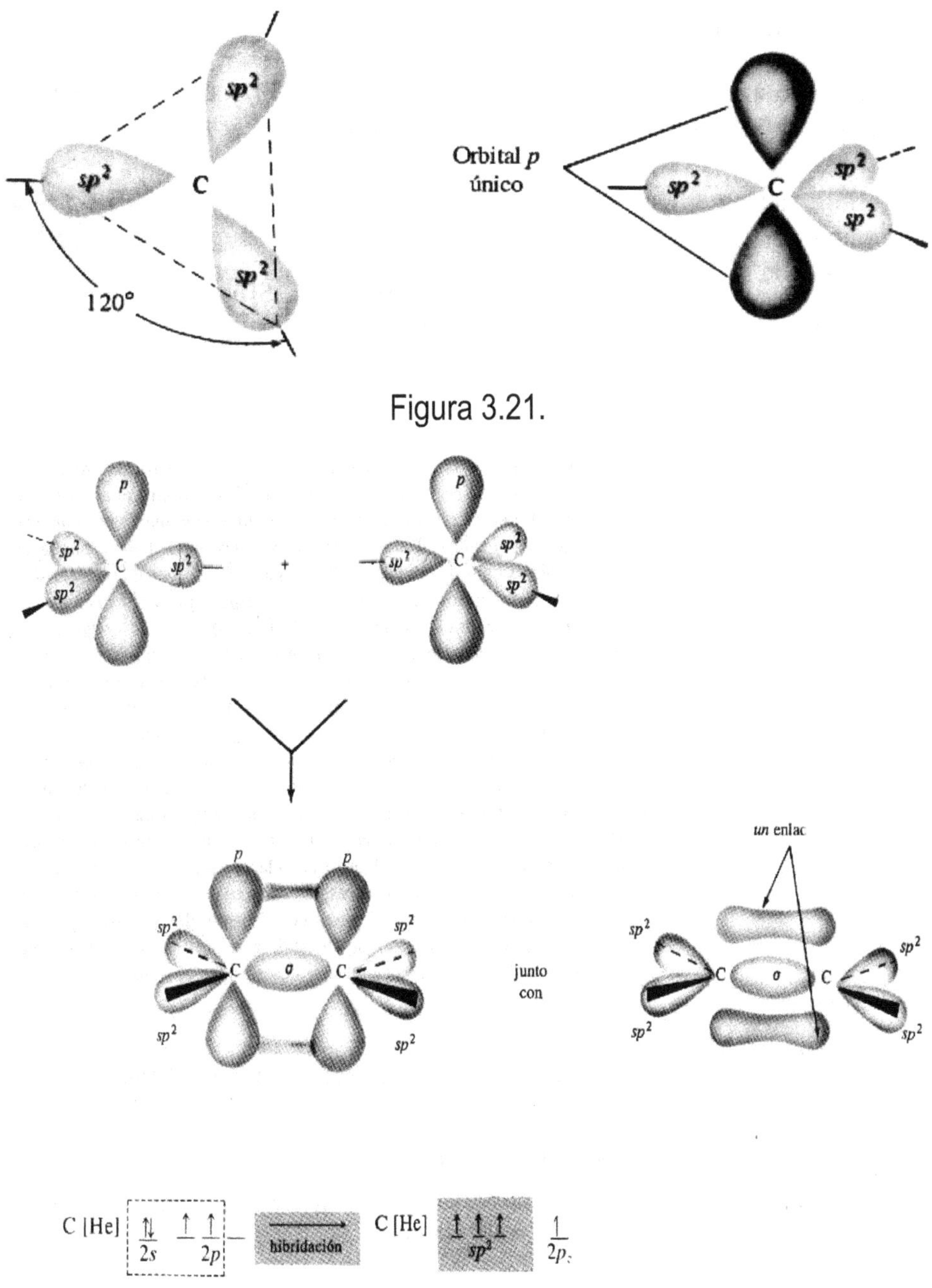

Figura 3.21.

Figura 3.22. Representación esquemática de la formación del doble enlace C-C. Dos átomos de C con orbitales híbridos sp^2 forman un enlace sigma (σ) por superposición de los orbitales sp^2 y un enlace pi (π) por superposición de orbitales alineados de manera adecuada.

Los dos átomos de C interaccionan con superposición frente a frente (de un extremo a otro) de orbitales híbridos sp^2 que están orientados uno hacia el otro para formar un **enlace sigma (σ)** y por superposición lateral de los orbitales no hibridizados 2p para formar un **enlace pi** (π).

Los orbitales σ y π forman el doble enlace.

Los orbitales 1 s (con un electrón cada uno) de los cuatro átomos de H se superponen con los cuatro orbitales sp^2 restantes (con un electrón cada uno) de lo átomos de c para formar cuatro enlaces σ C-H.

> El ***enlace sigma*** (σ) es el que se forma por superposición frontal de orbitales atómicos. La región de compartimento de electrones se encuentra a lo largo y en forma de cilindro en torno a una línea imaginaria que conecta a los átomos del enlace.

Todos los enlaces simples son sigma. También puede ocurrir en algunos orbitales atómicos puros y orbitales híbridos.

> El ***enlace pi*** (π) es el enlace que se forma por superposición lateral de orbitales atómicos. Las regiones de compartimento electrónico se encuentran a los lados opuestos de un línea imaginaria que conecta a los átomos enlazados y paralelos a esta línea.

El enlace pi sólo puede formarse si tambien hay un enlace sigma. El enlace doble consta de uno ***sigma*** y de uno ***pi***.

Los cuatro C se encuentran en un mismo plano y son ***coplanares***.

COMPUESTOS CON TRIPLES ENLACES.

Ejemplo: C_2H_2 (Etino) S = N- A = 10 e^- compartidos

$$H : C ::: C : H \qquad H{-}C{\equiv}C{-}H$$

Hay dos regiones de alta densidad electrónica en torno a cada átomo de C que se encuentra a igual distancia y a 180º.

La teoría del enlace valencia postula que cada átomo C de enlace triple tiene hibridación sp porque cada uno tiene dos regiones de alta densidad electrónica. Los otros p son los que participan en la hibridación.

El C tiene un electrón en cada orbital híbrido sp y un electrón en cada uno de los orbitales py y pz.

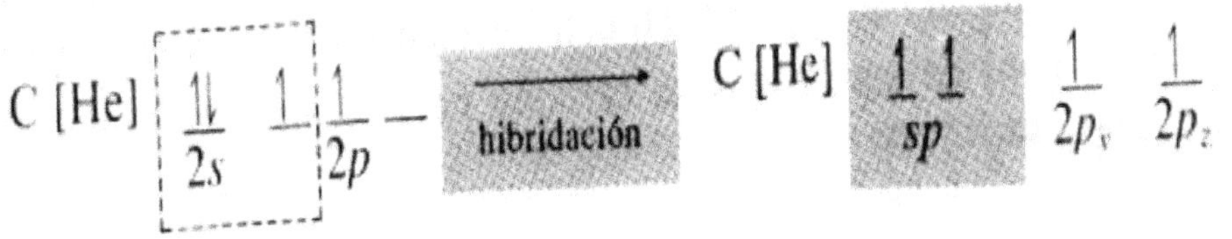

$$C\,[He]\ \underset{2s}{\underline{\uparrow\downarrow}}\ \underset{2p}{\underline{\uparrow}\ \underline{\uparrow}\ \underline{\ \ }}\ \xrightarrow{\text{hibridación}}\ C\,[He]\ \underset{sp}{\underline{\uparrow}\ \underline{\uparrow}}\ \underset{2p_y}{\underline{\uparrow}}\ \underset{2p_z}{\underline{\uparrow}}$$

Figura 3.23.

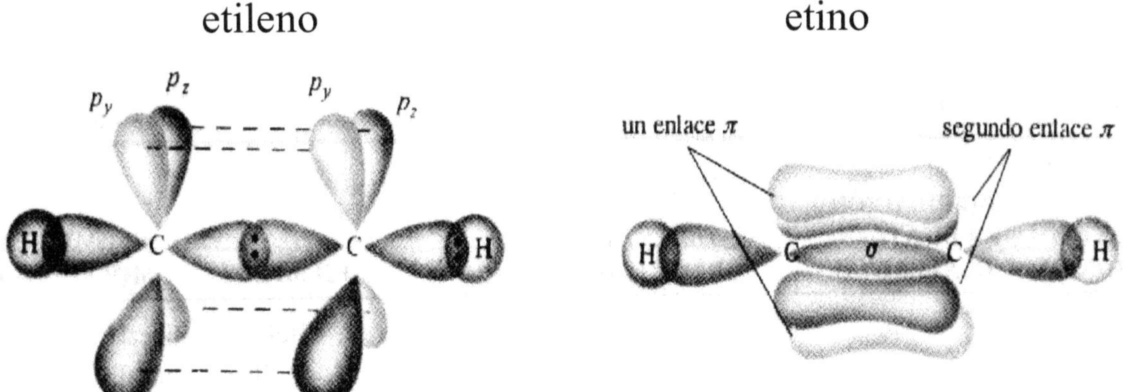

Figura 3.24.

4

Gases

4.0. Introducción

Bajo determinadas condiciones de presión y temperatura, la mayoría de las sustancias pueden existir en los tres estados de la materia: sólido, líquido o gaseoso. Sus propiedades físicas dependen generalmente de su estado.

El estudio del comportamiento de los gases es más sencillo que el de los sólidos y líquidos, debido a que el movimiento molecular de los gases es aleatorio y las fuerzas de atracción entre las moléculas son pequeñas, lo que hace que cada una se mueva libre e independientemente una dela otra.

Nosotros estamos rodeados de una atmósfera apta para la vida formada por gases a la que llamamos aire, formada fundamentalmente por oxígeno, O_2, nitrógeno, N_2 e hidrógeno, H_2.. Existen muchos otros gases como el metano, CH_4 componente fundamental del gas natural, el amoníaco, NH_3, usado como refrigerante, el dióxido de carbono, CO_2, producido por procesos metabólicos de los seres vivos. Aunque los gases pueden variar mucho en sus propiedades químicas, comparten muchas *de sus propiedades físicas, las cuales son explicadas a través de las "Leyes de los Gases"*

4.1. Características de los Gases

Existen elementos no metálicos que se encuentran en estado gaseoso en condiciones ordinarias de temperatura y presión, como: hidrógeno, nitrógeno, oxígeno, flúor y cloro los cuales son moléculas diatómicas, H_2, N_2, O_2, F_2 y Cl_2. Un alótropo del oxígeno, el ozono (O_3), es también un gas a temperatura ambiente. Todos los elementos del grupo 8 A, gases nobles, son todos gases monoatómicos, He, Ne, Ar, Kr, Xe y Rn.

Todos los gases están formados por elementos no metálicos, con fórmulas moleculares sencillas y por lo tanto, de pesos moleculares bajos.

Una de las características más notables de los gases es que no tienen volumen propio sino que adquieren en volumen del recipiente que los contiene, motivo por el cual son fácilmente compresibles, cuando se les aplica una presión por lo tanto su volumen disminuye.

Los gases forman mezclas homogéneas uno con otros sin importar la identidad y la proporción relativa de los gases componentes de la mezcla.

4.1.1. Presión

Las propiedades de un gas que se miden con mayor facilidad son su temperatura, volumen y presión.

> *Presión*: es una fuerza, que tiende a mover un objeto en una dirección determinada. La presión, P, es la fuerza, F, que actúa sobre un área, A.
>
> $$P = F/A$$

Los gases ejercen una presión sobre la superficie con la que estén en contacto.

Unidades de presión

1 Kg. m/s^2=1 Newton (N) unidad de fuerza

m^2 unidad de área

Presión = 1N/m^2=1 Pascal (Pa)

1 atm=760 mm de Hg=760 torr=1,01325 x10^5 Pa= 101,325 KPa

4.2. Leyes de los Gases.

Los experimentos realizados con gases demuestran que las variables temperatura, T, presión, P, volumen, V y cantidad de materia expresada en número de moles, n, son suficientes para definir el estado de un gas.

Las ecuaciones que expresan las relaciones entre P, T, V y n se conocen como ***ley de los gases***.

4.2.1. Ley de Boyle - Relación Presión-Volumen.

En 1660, Robert Boyle realizó uno de los primeros experimentos cuantitativos que se refieren al comportamiento de los gases.

La ley de Boyle establece que:

> *El volumen de una cantidad dada de un gas a temperatura constante, es inversamente proporcional a la presión del gas*

En otras palabras, cuando la temperatura se mantiene constante, el volumen (V) de una cantidad dada de gas disminuye cuando la presión total aplicada (P) aumenta e inversamente si la P aplicada disminuye el volumen del gas aumenta.

Cuando dos magnitudes son inversamente proporcionales, una se hace menor en la medida que la otra aumenta.

La Ley de Boyle puede expresarse matemáticamente como:

> $P \times V = \text{constante} \qquad V = 1/P \times \text{constante}.$
>
> El valor de la constante (K) depende de la temperatura y de la cantidad de gas de la muestra; la P representa la presión total aplicada.

La ley de Boyle puede expresarse, teniendo en cuenta dos estados diferentes del gas a la misma temperatura:

> $P_1 \times V_1 = P_2 \times V_2$
>
> Los estados 1 y 2 están a la misma temperatura.

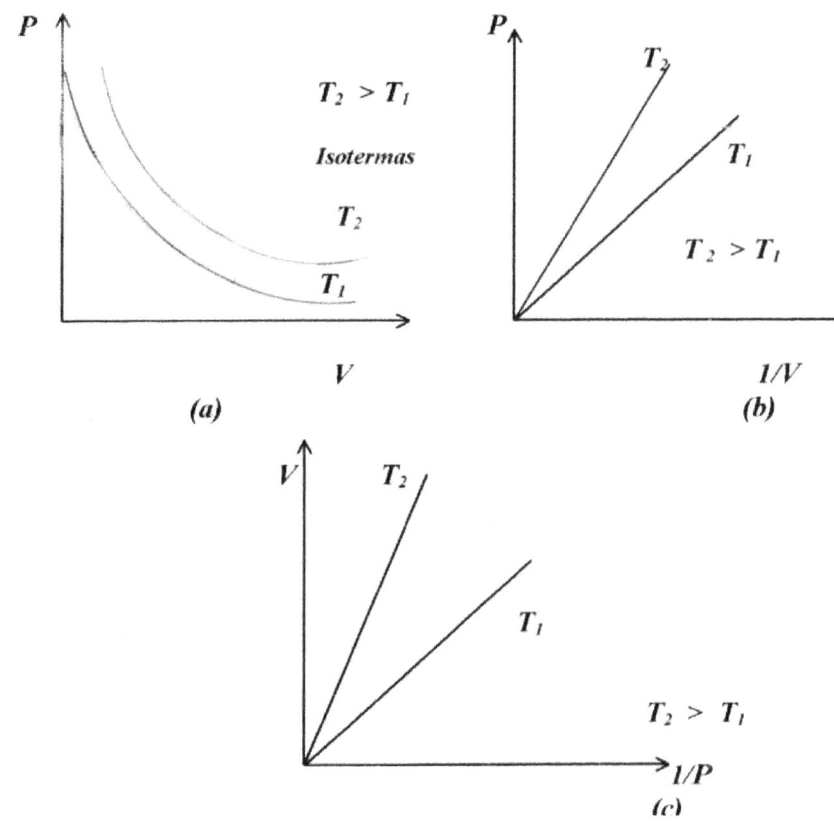

Figura 4.1: Gráficos de la Ley de Boyle. a) Presión como función del volumen, b) Presión como función de 1/V, c) Volumen como función de 1/P.

Como el producto ***P x V***, permanece *aproximadamente* constante a una temperatura dada fue necesario postular una sustancia imaginaria, llamada *gas ideal o perfecto,* la cual, por definición, obedece exactamente la Ley de Boyle a todas las presiones. Los gases reales a bajas presiones se comportan como gases ideales.

Los gráficos de la figura 4.1. muestran las variaciones de *volumen* de una cantidad fija de gas con la *presión* ejercida sobre el gas, a temperatura constante.

4.2.2. Ley de Charles y Gay - Lussac - Relación Temperatura-Volumen.

En 1802, fue publicado por Joseph Louis Gay-Lussac el primer enunciado que relaciona las variaciones de volumen de un gas con la temperatura. Anteriormente otros investigadores, entre ellos Jacques Charles, habían realizados trabajos en el mismo tema de ahí que su nombre va asociado al de Gay-Lussac en relación con esta ley.

La ley de Charles y Gay-Lussac establece que:

> El volumen (V) de una cantidad dada de gas a una presión constante, es directamente proporcional a su temperatura absoluta(T).

Es decir, que al duplicar la temperatura absoluta (en grados Kelvin), el volumen de gas se duplica matemáticamente.

La ley de Charles puede expresarse como:

> $V / T = \text{constante.} \qquad V = T \times \text{constante}$
>
> El valor de la constante (K) depende de la presión y de la cantidad de gas de la muestra.

La ley de Charles puede expresarse, teniendo en cuenta dos estados diferentes del gas a la misma presión:

> $V_1 / T_1 = V_2 / T_2$
>
> Los estados 1 y 2 están a la misma presión.

Los siguientes gráficos muestran las variaciones de *volumen* de una cantidad fija de gas con la *temperatura*, a presión constante.

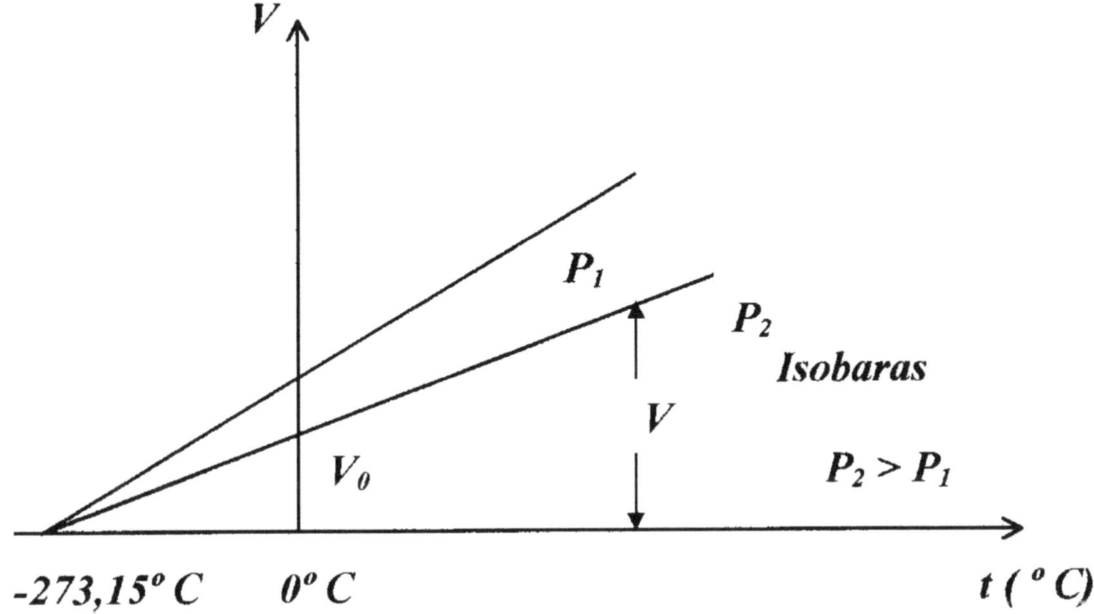

Figura 4.2: Volumen como o función de la temperatura en grados centígrados.

La figura 4.2 muestra la variación de volumen de una muestra de gas con la temperatura, a presión constante. Cada línea representa la variación a una presión dada (isobara). Cuando se extrapolan las líneas, todas se interceptan en el punto de volumen igual a cero y temperatura de -273,15 ° C.

La Ley de Charles y Gay-Lussac puede ser expresada como:

$$V = V_0 (1 + a\, t)$$

Donde *V* es el volumen que ocupa una cantidad dada de gas a presión constante, V_0 es el volumen que ocupa la misma cantidad de gas a 0°C, α es una constante llamado coeficiente de dilatación de los gases el que tiene un valor aproximado a 1/273 para todos los gases, y *t* es la temperatura en grado celsius.

La figura 4.3 muestra la variación de volumen de una cantidad dada de gas con la temperatura en grados kelvin a presión constante.

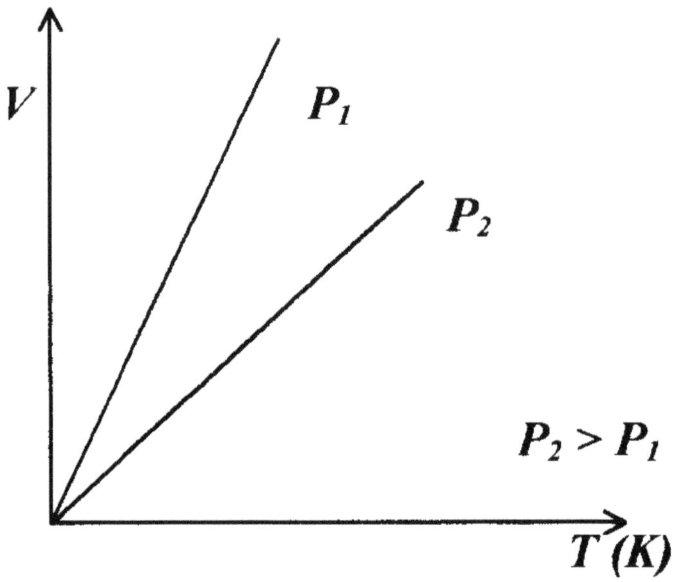

Figura 4.3: Volumen como función de la temperatura en grados Kelvin, a presión constante.

4.2.3. Ley de Avogadro - Relación Cantidad-Volumen.

Joseph Louis Gay-Lussac y Amadeo Avogadro estudiaron la relación entre la cantidad de un gas y su volumen.

En 1811, Avogadro publicó lo que se conoce como ***hipótesis de Avogadro*** la cual establece que:

> A volúmenes iguales de gases a la misma temperatura y presión, contienen igual cantidad de moléculas.

En otras palabras, sí se tienen tres recipientes de igual volumen con diferentes gases, a la misma presión y temperatura, de acuerdo a la hipótesis de Avogadro, estos tres gases tienen el mismo número de moléculas aunque la masa de los gases difieren mucho. La experiencia muestra que un mol de cualquier gas a 1 atm y a 0ºC ocupa un volumen de 22,4 litros.

De esta hipótesis deriva la ***ley de Avogadro,*** la que establece que:

> El volumen de un gas es directamente proporcional al número de moles, a presión y temperatura constantes.

La ley de Avogadro puede expresarse matemáticamente como:

$$V = \text{constante} \times n$$

Es decir, que al duplicar el número de moles de un gas aumentará el volumen dos veces si la temperatura y la presión permanecen constantes.

4. 3. Ecuación de los Gases Ideales

Las tres leyes mencionadas con anterioridad pueden ser resumidas como sigue:

Ley de Boyle	$V \alpha 1/P$	(n y T constantes)
Ley de Charles	$V \alpha T$	(n y P constantes)
Ley de Avogadro	$V \alpha n$	(P y T constantes)

Estas tres relaciones pueden combinarse, obteniendo una ley general de los gases:

$$V \alpha \; n T / P$$

Si a la constante de proporcionalidad, se la llama ***R*** se obtiene la siguiente ecuación:

$$V = R (n T / P)$$

Al reordenar la ecuación anterior se tiene la ***ecuación de los gases ideales:***

$$P V = n R T$$

Un ***gas ideal*** es un gas hipotético cuyo comportamiento en cuanto a la presión, temperatura y volumen está descripto por la ecuación de los gases ideales. ***R es la constante de los gases*** y puede expresarse en diferentes unidades como se indica en la tabla a continuación:

UNIDADES	VALOR
l atm / K mol	0.082
cal / K mol	1.987
J / K mol	8.314

Si se tiene un mol de gas ideal a 0º C y a 1 atm de presión, condiciones estándar (TPE), según la ecuación de los gases ideales su volumen será:

V=nRT/P=1 mol x 0.082 l atm/Kmol x 273.15 K/1atm= 22.41 l

Este volumen ocupado por 1 mol de gas ideal a TPE se conoce como ***volumen molar.***

Si en una muestra de gas se modifican las variables P, V y T y n permanece constante, de acuerdo a la ecuación de los gases ideales, PV/T es constante. Si se representan dos estados uno inicial, 1, y uno final, 2, se puede escribir la siguiente expresión matemática:

$$\frac{P_1 \times V_1}{T_1} = \frac{P_2 \times V_2}{T_2}$$

4.4. Presiones parciales de una mezcla de gases.

La presión que ejerce un gas está directamente relacionada al número de moles del gas, a volumen y temperatura constantes.

$$P = n\ (RT/V) = n \times \text{constante}$$

Si el gas en estudio no está constituido por un solo tipo de partículas, sino que es una mezcla de dos o más sustancias gaseosas, la presión total ejercida es la suma de las presiones de cada uno de los gases constituyentes de la mezcla.

4.4.1. Ley de las presiones parciales de Dalton

La ley de las presiones parciales de John Dalton establece que:

> La presión total de una mezcla de gases es igual a la suma de las presiones que cada uno de los gases ejercería si estuviera solo.

La ley de Dalton puede expresarse como:

> $$P_T = P_1 + P_2 + P_3 + P_4 + ...$$
>
> Si los gases 1, 2, 3, 4 etc. obedecen la ecuación de los gases ideales, se puede escribir:
>
> $$P_1 = n_1\ (RT/V),\ P_2 = n_2\ (RT/V),\ \text{etc.}$$
>
> Como RT/V es constante la ecuación anterior queda:
>
> $$P_T = RT/V\ (n_1 + n_2 + n_3 + n_4 + ...)$$

La presión total ejercida por una mezcla de gases, a volumen y temperatura constantes, depende del número de moles totales de los gases presentes en la mezcla y no de la naturaleza de las moléculas gaseosas.

Para analizar como están relacionadas la Presión Parcial de un gas con la Presión Total (P_T) de una mezcla de gases (1 y 2), dividimos la P_1 (presión del gas 1) por la P_T, tenemos:

$$\frac{P_1}{P_T} = \frac{n_1 \frac{RT}{V}}{(n_1 + n_2)\frac{RT}{V}} = \frac{n_1}{n_T} X_1$$

Donde:

n_1 y n_T moles del gas 1 y totales de la mezcla de gases 1 y 2.
X_1 es la fracción molar del gas 1.

> ***Fracción molar***: es una cantidad adimensional que expresa la relación del número de moles de un componente con el número total de moles de los componentes presentes en la mezcla.

De las ecuaciones anteriores podemos escribir:

$$P_1 = X_A P_T$$

La suma de las fracciones molares es igual a 1:

$$X_1 + X_2 = \frac{n_1}{n_1 + n_2} + \frac{n_2}{n_1 + n_2} = 1$$

4.5. Teoría Cinética Molecular

Para poder explicar el comportamiento de los gases o sus propiedades físicas a nivel molecular cuando se modifican las condiciones, se desarrolló la ***teoría cinética molecular o teoría de las moléculas en movimiento.***

La teoría cinética molecular puede ser resumida en cinco enunciados:

1. Los moléculas de los gases están en movimiento continuo y al azar (movimiento aleatorio).

2. Las fuerzas de atracción y repulsión entre moléculas gaseosas es despreciable.
3. Las moléculas de los gases están separadas entre sí por distancias grandes de ahí que el volumen de las moléculas gaseosas es despreciable en comparación con el volumen del recipiente que las contiene.
4. Al producirse colisiones entre moléculas se transfiere energía de una otra molécula, pero la energía cinética total promedio permanece constante con el tiempo, si la temperatura permanece constante, debido a que las colisiones entre las moléculas son perfectamente elásticas.
5. La energía cinética total promedio es proporcional a la temperatura absoluta. Todos los gases que se encuentren a la misma temperatura poseen la misma energía cinética promedio.

La energía cinética puede expresarse como:

$$E_c = \frac{1}{2} mv^2$$

Donde: m es la masa de la molécula, v velocidad media de las moléculas.

De acuerdo al teoría cinética molecular, la energía cinética depende de la temperatura:

$$E_c \,\alpha\, T \quad ó \quad \frac{1}{2} mv^2 \,\alpha\, T$$

$$\frac{1}{2} mv^2 = k\, T$$

k constante de proporcionalidad, T temperatura en grados kelvin

4.5.1. Aplicación de la teoría cinética molecular a la leyes de los gases.

1. ***Compresibilidad de los gases:*** Debido a que las moléculas gaseosas están muy separadas entre sí, los gases pueden ser comprimidos con facilidad y por lo tanto ocupar menor volumen que el original.
2. ***Ley de Boyle:*** La presión ejercida por un gas resulta del choque de las moléculas con las paredes del recipiente. El número de colisiones (o choques) es proporcional a la densidad del gas o número de moléculas. Por lo que al disminuir el volumen del gas aumenta la densidad y por lo tanto el número de choques. De ahí que la presión del gas aumente al disminuir el volumen.
3. ***Ley de Charles:*** Como la energía cinética promedio de un gas es proporcional a la temperatura absoluta, al aumentar la temperatura aumenta la energía cinética promedio. Al aumentar la temperatura de un gas, aumenta el número de choques de las moléculas con las paredes del recipiente, por lo tanto la presión del gas.
4. ***Ley de Avogadro:*** La presión de un gas es directamente proporcional a la densidad y a la temperatura del gas. Ya que la masa del gas es directamente proporcional al número de moles del gas, por lo tanto se puede escribir:

$$P \alpha \ (n/V)\ T$$

Para dos gases A y B:

$$P_A = k\ (n_A / V_A)\ T_A$$

$$P_B = k\ (n_B / V_B)\ T_B$$

Para los dos gases A y B a las mismas condiciones de volumen, presión y temperatura, $n_A = n_B$. k constante de proporcionalidad.

4.6. Ley de Graham. Efusión y Difusión.

De acuerdo a lo enunciado por la teoría cinética, el movimiento de las moléculas es aleatorio y si se mantiene la temperatura constante, la energía cinética promedio permanecerá constante. Si dos gases tienen la misma energía cinética promedio, siendo sus masas diferentes, las moléculas tendrán diferentes velocidades. Las moléculas de menor masa tendrán mayores velocidades que las de mayor masa. A partir de este hecho se deriva la siguiente ecuación:

$$v = (3\ RT / PM)^{1/2}$$

PM peso molecular del gas.

La relación entre las velocidades y los pesos moleculares de moléculas gaseosas explica los fenómenos de efusión y difusión.

4.6.1. Ley de difusión y efusión de Graham

A la mezcla gradual de moléculas de un gas con las moléculas de otro en virtud a las propiedades cinéticas se lo denomina ***difusión.***

La ley de Graham establece que:

La velocidad de difusión de un gas es inversamente proporcional a la raíz cuadrada de su peso molecular.

La ley de Graham puede expresarse como:

$$r_1 / r_2 = (PM_2 / PM_1)^{1/2}$$

r_1 y r_2 velocidades de difusión, PM_1 y PM_2 pesos moleculares de los gases 1 y 2.

Según la ecuación anterior, el gas de menor PM posee una velocidad de difusión mayor, difunde más rápidamente.

El proceso por el cual un gas escapa de un recipiente, bajo presión, a otro a través de un pequeño orificio se denomina ***efusión***.

La velocidad de efusión de un gas es inversamente proporcional al tiempo que tarda en pasar a través de una barrera por lo tanto a mayor tiempo, menor velocidad de efusión.

$$t_1 / t_2 = r_2 / r_1 = (PM_1 / PM_2)^{1/2}$$

t_1 y t_2 son los tiempos de efusión de los gases.

4.7. Desviación del comportamiento ideal gases imperfectos.

A 0ºC, para un mol de gas ideal la relación PV/RT es igual a 1, independiente de la presión del gas. Pero para gases reales, esto es válido a presiones bajas, menores de 10 atm, al ir aumentando la presión se observan desviaciones de la idealidad. Esto se debe a que a presiones altas la densidad de los gases aumenta y por lo tanto las fuerzas entre las moléculas no son despreciables, están más cerca unas de otras, y por consiguiente el gas no se comporta idealmente.

La no idealidad puede observarse también cuando se disminuye la temperatura del gas cercana al punto de congelación, las desviaciones aumentan a medida que disminuye la temperatura.

El comportamiento no ideal de los gases puede ser expresado matemáticamente modificando la ecuación de los gases ideales, PV = nRT, considerando las fuerzas intermoleculares y los volúmenes moleculares finitos.

En 1873, Johannes D.Van der Waals dio una explicación del comportamiento de los gases reales a nivel molecular.

Ecuación de van der Waals:

$$(P+n^2 a/V^2) (V-nb)= nRT$$

a y b son constantes particulares de cada gas, determinadas experimentalmente.

El término $\boldsymbol{n^2\ a\ /\ V^2}$ es de corrección para la presión y el $\boldsymbol{nV}$ es para corregir el volumen. El valor de $\boldsymbol{a}$ es una expresión de la fuerza de atracción entre las moléculas y la constante $\boldsymbol{b}$ está relacionada con el tamaño molecular.

A bajas densidades del gas, $\boldsymbol{V}$ tiende a ser mucho mayor que $\boldsymbol{nb}$ y $\boldsymbol{n^2a\ /\ V^2}$ tiende a cero, por lo tanto la ecuación de van der Waals, para un mol de gas se reduce a $\boldsymbol{PV = RT}$ a presiones bajas.

Si reordenamos la ecuación de van der Waals tenemos:

$$PV / RT =(V / V\text{-}b) - (a / RT\ 1/V)$$

Si disminuye el volumen los términos del segundo miembro son mayores, pero si la temperatura es alta el segundo miembro se hace pequeño y tenemos:

$$PV / RT = V / V\text{-}b > 1$$

Por lo tanto, a temperaturas y presiones elevadas se observan desviaciones de la idealidad positivas, en cambio a densidades moderadas y temperaturas bajas, se tiene:

$$V / V - b = 1$$

La constante de proporcionalidad a es importante y la ecuación de van der Waals queda:

$$P\ V / RT = 1 - a / RT\ 1/V$$

Bibliografía.

1. MAHAN, BRUCE y col. *"Química. Curso universitario"*. Editorial Fondo Educativo Interamericano. Segunda Edición.
2. WHITTEN, KENNET y col. *"Química General"*. Editorial McGraw-Hill. Segunda edición en español (1992).
3. CHANG, RAYMOND. *"Química"*. Editorial McGraw-Hill. Cuarta edición (1994).
4. BROWN, THEODORE L. y col. *"Química. La ciencia central"*. Editorial Prentice-Hall Hispanoamericana S.A. Quinta edición (1993).
5. LEVINE, IRA. N. *"Fisicoquímica"*. Editorial McGraw-Hill. Tercera edición (1991).
6. SEARS, FRANCIS y ZEMANSKY, MARK. *"Física General"*. Editorial Aguilar. Quinta edición (1971).
7. CHRISTEN, H.R. *"Fundamentos de la Química General e Inorgánica"*. Editorial Reverté S.A. (1977).

www.ingramcontent.com/pod-product-compliance
Ingram Content Group UK Ltd.
Pitfield, Milton Keynes, MK11 3LW, UK
UKHW061829190726
13853UKWH00009B/2515